AK47 KALASHNIKOV

カラシニコフ II

松本仁一 Matsumoto Jinichi

朝日新聞社

AK47

旧ソ連軍の設計技師ミハイル・カラシニコフが一九四七年に開発した自動小銃。今も現役で使用されている。

「小銃」は、大砲や機関銃など数人がかりで扱う火器と区別される。兵士がそれぞれ自分用に携行し、一人で使える銃のことで、口径はふつう八ミリ以下と小さい。

第二次世界大戦まで、火力戦の主役は歩兵銃だった。遠くの敵を狙うため照準精度が高くなければならず、銃の全長は一三〇センチ近かった。その後、兵器の近代化で遠くの敵は大砲や戦車、爆撃機に任せられるようになった。兵士の持つ銃は、扱いやすい一メートル前後の小型のものに変わっていく。さらに、遠距離の照準精度より、突撃の際に連射できる「自動銃」が求められた。「自動小銃」は、そうした戦争形態の変化の中で誕生した。第二次大戦後、世界中の軍隊の制式銃が自動小銃に切り替えられていくが、ＡＫ47の開発は軍用銃の小型化・自動化の先駆けとなるものだった。

「ＡＫ」は、ロシア語の「アフタマート・カラシニコワ」［カラシニコフ自動小銃］の頭文字。口径七・六二ミリで、三〇発入りの弾倉を装着できる。故障が少なく手入れが簡単なため、未熟な兵士にも取り扱いが容易。途上国で人気が高い。

冷戦時代に一〇八カ国に輸出され、また共産圏諸国でライセンス生産された。国連などの推計によると現在、世界中におよそ一億丁のＡＫがあると見られている。世界中の兵士の総計を大きく上回る数だ。

一九五八年、反動を抑えるために銃口を斜めに切った改良モデル「ＡＫＭ」が開発された。さらに一九七四年、口径が五・四五ミリと小さい「ＡＫ74」がつくられた。しかし基本構造はＡＫ47と変わらない。

上から、AK47、AKM、AK74［提供◆床井雅美］

カラシニコフⅡ◆目次

第1章　ノリンコの怪

第2章　ライフル業者

第3章　流動するAK

第4章　AK密造の村

第5章　米軍お墨付き

第6章 拡散する国家

カバー写真◆松本仁一
本文写真◆杠将、松本仁一
装幀◆日下充典
本文・地図デザイン◆KUSAKAHOUSE［神保由香］

カラシニコフⅡ

第1章

ノリンコの怪

中国製カラシニコフ、米国経由でコロンビアへ

北米大陸を南に下ると、中米パナマで陸地はぎゅっと細まり、南米大陸に入って再び大きくふくらむ。その南米の付け根に位置するのがコロンビアだ。

コカイン栽培とゲリラ活動で知られた国である。治安確保を目指す政府の努力も、国の半分を占めるアンデス山脈の険しい地形にはばまれ、平和からはほど遠い。

そのゲリラ各派が使っている自動小銃は、ほとんどがカラシニコフだった。周辺諸国で軍や警察用にカラシニコフを使っている国は限られている。ではゲリラはどこからカラシニコフを手に入れているのだろうか。取材を続けているうちに、意外な国の名前が出てきた。それは「中国」と「米国」だった。

コロンビア西部の都市メデジン。町の中心部に国軍第四旅団の基地がある。ゲリラ対策を主要な任務とする、国軍の中でも選りすぐりの精鋭部隊だ。その基地の広大な敷地の一角に、ゲリラから捕獲した武器の倉庫があった。

小学校の教室を二つ合わせたほどの木造平屋の建物だ。私を案内した当番の下士官が、カギを開けようとして手順を間違えた。とたんに頭上でけたたましいベルが鳴りひびき、兵士

があちこちからすっ飛んできてこちらに銃を向けた。ものものしい警戒ぶりだ。

倉庫に入る。中は薄暗かった。

窓は板でふさいであり、カビくささが鼻をつく。それに鉄のにおい、油のにおいがまじってただよう。

暗がりに目が慣れると、室内に銃架が並んでいるのが見えた。押収武器が種類別に分類されて積み上げてある。ピストルやロケット砲、機関銃の棚もあるが、大半は小銃で、それも圧倒的にＡＫ47が多い。

武器庫係の下士官によると、倉庫に置いてあるのは過去二年に押収した分だという。自動小銃は約一〇〇〇丁で、うち九割がカラシニコフだといった。

旧ソ連製、ブルガリア製、旧東ドイツ製が多い。北朝鮮製もあった。ほとんどの銃の製造番号刻印がつぶされている。

未整理の銃が大きな木箱に無造作に放り込まれていた。一〇〇〇丁ほどある。前月の作戦で押収したばかりのもので、まだ整理が追いつかないのだという。

その箱の中に、奇妙な形のカラシニコフ銃を見つけた。

銃身本体は明らかにＡＫだ。しかし競技用の木製の銃床が付いている。「サムストック」と呼ばれるタイプで、グリップと銃床が一体化したものである。オリンピックの射撃種目などでよく目にするタイプの銃床だ。

ＡＫのレバーにはふつう「安全」「連射」「単発」の三つのポジションがある。しかしこの銃には「連射」のポジションがない。「安全」［Ｓ］と「発射」［Ｆ］があるだけだ。引き金を一回引くと弾丸が一発だけ発射されるセミオートマチック・タイプ、いわゆる半自動のカラシニコフ銃なのである。

持ってみた。全体にがたついていて、何となく安っぽい。

銃の機関部の左側には製造刻印がある。傷が付いて汚れているが、下士官がチョークの粉をすり込んでくれたため、かろうじて読みとることができた。英文で「メード・イン・チャイナ」とある。なんと、中国製だ。しかし、中国製軍用カラシニコフ銃の正式な刻印である「五六式」の文字はない。

刻印の後ろには、歯車と星を組み合わせたロゴが刻まれ、「ＮＯＲＩＮＣＯ」の文字があしらってある。製造番号はなかった。

「ノリンコ」とは何だろう。中国製の競技用カラシニコフ銃を、なぜコロンビア・ゲリラが持っているのだろう。

首都ボゴタ［サンタ・フェ・デ・ボゴタ］に戻って、内務省にある国際警察担当室を訪ねた。「ノリンコ」について尋ねると、係官のカルロス・ガルシア［三三］が説明してくれた。

――ノリンコは「NORTH INDUSTRIES CORPORATION」の略だ。中国語の正式名称は「北方工業公司」で、かつての人民解放軍のさまざまな兵器工廠を統合したものである。いま

ゲリラから押収されたノリンコ。銃身にマークが刻まれている

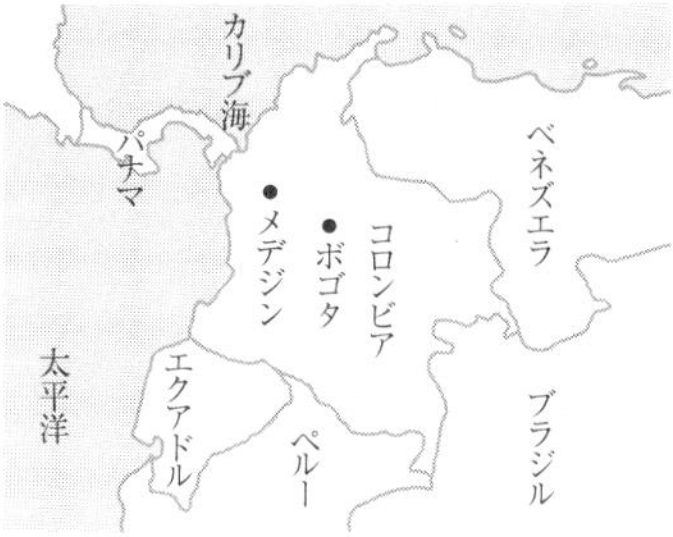

形だけは民営化されたが、中国で唯一最大の兵器製造企業であることに変わりはない。

——メデジンで見たという「奇妙なカラシニコフ銃」は、そのノリンコ社製の民間向け競技用ライフルであり、「ノリンコＭＡＫ90スポーター」という商品名で呼ばれている。米国がピストル型グリップのライフル銃の売買を禁止したため、サムストック銃床を付けてある。米国向けに輸出されたライフルだ。それが米国のライフル業者を経由して、大量にコロンビアに流入してきている。

——ゲリラ側は、代金を主としてコカインで支払っている。彼らはその半自動銃を全自動に改造し、戦闘に使っている。

ガルシアは「全国で年間二〇〇〇丁前後の自動小銃が押収されるが、その一割前後がノリンコ製のＡＫだ」といった。

コロンビアは山国だ。

首都のボゴタ自体が東アンデス山脈の中にある。山腹の平原に位置し、標高は約二六〇〇メートルもある。メデジンはそこから北西約二五〇キロ、西アンデス山脈の中ほどに位置していた。標高は約一五〇〇メートルある。

ボゴタから陸路でメデジンに向かうには、いったん標高五〇〇メートルほどの谷底まで下り、もう一度、くねくねの山道を上らなければならない。車のスピードが落ちるところをねらい、ひんぱんにゲリラが出没する。人々は道路を使うことをあきらめ、東京から浜松ほどの距離しかないメデジンまで、飛行機を使って行き来している。

人口約二〇〇万、同国第二の都市メデジンは、かつて麻薬カルテルの拠点として名をはせた。生産されたコカインは、メデジン・カルテルを経由して米国のギャングの手に渡り、米国で消費された。コカイン規制を求める米政府の圧力を受けたコロンビア政府は一九九三年、メデジン掃討の大作戦を展開し、ボスのパブロ・エスコバルを射殺してカルテルを壊滅した。いま、メデジンの町は政府軍の支配下にあるが、町を一歩出ると左派ゲリラ「コロンビア革命軍」〔FARC〕の支配地区だ。メデジンは最前線の町なのである。

私がメデジンの第四師団を訪れた日、基地では将校食堂を開放して「兵隊さんと子どもたちの集い」が開かれていた。兵士たちが幼稚園児を背中に乗せ、顔を真っ赤にして競馬ごっこをやっている。

麻薬カルテルの首領パブロ・エスコバルは、コカイン収入の一部で貧困者住宅を建てたりして、住民からけっこう人気があった。そのエスコバルを殺して町の支配権を奪い返したばかりの政府は、人々に親近感を持ってもらうために躍起だった。「兵隊さんとの集い」はそのための試みの一つのようだった。

コロンビアは一六世紀以来、約三〇〇年にわたってスペインの植民地支配を受けてきた。一八一九年、コロンビア白人の革命軍がスペイン軍を破り、独立を達成する。ベネズエラ、エクアドル、パナマを含む「大コロンビア共和国」が樹立された。一八三〇年にベネズエラ、エクアドルが分離。一九〇三年にはパナマも独立して、現在のコロンビアとなった。

しかし独立以来、内戦やゲリラ戦で不安定な政情が続いている。

ゲリラは、左派のFARC、民族解放軍［ELN］、右派のコロンビア自警軍連合［AUC］が主なもので、いずれも米国から「テロ組織」に指定されている。

左派ゲリラFARCは一九六四年に結成され、一万七〇〇〇人の勢力を持つ。社会主義を標榜するが、長期の闘争で腐敗し、今はコカイン密売や身代金目当ての誘拐をくり返す不法集団と化している。コカイン生産量は年間五〇〇トンにおよび、誘拐は年に三〇〇〇人を数える。二〇〇一年二月に日本企業の現地合弁会社「矢崎シーメル」の村松治夫副社長が誘拐され、二〇〇三年一一月に死体で発見される事件が起きたが、これもFARCの犯行だった。

FARCのテロや誘拐に対抗するため、地方の農場主たちが自警団を組織した。その武装自警団が連合体をつくり、一人歩きをはじめたものがAUCだ。現在、約一万三〇〇〇人の勢力を有する。ふだんはFARC同様に誘拐やコカイン密輸などで収入を得ているが、「反社会主義」をとなえてFARCと対立。政府軍と共同してFARCと戦うことが多い。

ELNは約六〇〇〇人で、親キューバ系の左派組織だ。

ゲリラから押収した大量の自動小銃。ほとんどがAKだった［コロンビア・メデジンの軍武器庫で。撮影◈著者］

PEZ
EJERC

二〇〇二年、対ゲリラ強硬派のアルバロ・ウリベが大統領に就任する。米国の支援を受けたウリベは鎮圧活動を強めた。右派ＡＵＣの一部は武装解除に応じはじめたが、左派ＦＡＲＣはアンデスの山地に逃れて出没を繰り返している。谷から谷を動きまわるゲリラに、政府軍は手を焼いている。

そんな状況のコロンビアに、中国製のカラシニコフが米国経由で流れこんでいたのである。

銃床の木が腐っても銃は動いた

ボゴタの町は旧市街と新市街に分かれている。

昔からの町の規模は流入する人口に対応しきれず、郊外に商住地が広がった。しゃれた住宅やショッピングモール、大型ホテルなどがあるのは新市街だ。旧市街は再開発ができないままスラム化し、不潔で治安が悪い。

そんな旧市街の古いアパートで二〇〇四年一一月、「ノリンコ」のカラシニコフ銃を使っていたという元ゲリラと会うことができた。

アパートの一階に軽食堂がある。メラミン板の安っぽいテーブルが三卓ほどあるだけで、メニューはサンドイッチと鶏の空揚げぐらいだ。目つきの悪い若者たちがたむろし、こちらをじっとにらんでいる。銃で武装した警官隊が二時間おきに見回りにくるような店だ。彼はその食堂で、朝からビールを飲みながら私を待っていた。

ペドロ・ボカネグロ、三九歳。左派ゲリラＦＡＲＣのメンバーだったが二〇〇二年八月に政府軍に投降し、以来ボゴタで暮らしているという。

コロンビア南部の基地で食事を受け取るＦＡＲＣゲリラ［ＡＰ／ＷＷＰ］

ボカネグロは、半自動のノリンコを全自動に戻すのはかんたんだといった。

「あれはヤスリ一本あればできるんだ。自分はその改造ノリンコに五〇発入りの弾倉をつけて使っていた」

ボカネグロがゲリラに加わったのはやや遅く、二八歳になってからだった。一九九四年のことである。

渡された銃は、最初は「ガリル」だった。イスラエルがAK47をモデルに開発した自動小銃だ。コロンビア政府がイスラエルからライセンスを買い、軍用に生産している。それがゲリラ組織に流れ込んでいた。ガリルは対アラブの実戦を戦いぬいた自動小銃であり、それ自体の性能はいい。しかし、コロンビアでライセンス生産されたガリルについてボカネグロの信頼度はゼロだった。

「あれは粗悪品だ。九七年に戦闘があり、弾倉二、三個分の弾を連射したことがある。そうしたら銃身が焼けついて動かなくなってしまった。目の前に政府軍がいたんであわてた。あれでは命にかかわる」

上官に文句をいったら別の銃を渡された。ところがそれは第二次大戦以前の単発銃だった。単発銃というのは接近戦になったらまったく役に立たない武器である。一発ずつ弾を込めている間に、敵はどんどん近づいてくる。怖くてやっていられない。

「また文句をいいにいった。それで支給されたのがノリンコだった」

渡されたノリンコは、競技タイプのサムストック銃床が外され、プラスチックのピストル型グリップと木製のストック〔銃床〕が取り付けられていた。すでに実戦向きにつくりかえてあったのだ。操作レバーの表示は「安全」と「発射」しかなかったが、レバーを「発射」のポジションより下げると連射が可能だった。

「カラシニコフというのはもともと全自動の銃なんだ。引き金の上部に金属のストッパーを付け、連射のポジションに入らないよう止めてあるだけだ。金属を削り落とせばかんたんに全自動に戻せる」

弾倉には弾が五〇発入った。正規のAK47の弾倉は三〇発入りだ。

「FARCは自前の武器工場を、アンデス山地のあちこちに持っていた。連中はなんでもつくれる。プラスチックのグリップとか銃床とか。弾倉なんか、一二五発入りでも五〇発入りでも注文通りだった」

二〇〇二年に脱走して政府軍に投降する。それまで五年間、そのノリンコを使った。

「最後には銃床の木部が腐って半分折れてしまった。それでも銃は動き、戦闘でちゃんと使えた。カラシニコフっていう銃は大したもんだよ」

彼がFARCゲリラに加わったのは成り行きみたいなもので、理念とか信念などとは関係なかった。

一九六五年、アマゾンの寒村プレジデンテ村で生まれる。ボゴタから南に約六〇〇キロ、バスで一二時間もかかる村だ。産業はサトウキビしかない。父は雇われのサトウキビ労働者だった。

五人兄妹の四番目だ。小学校は三年でドロップアウトした。後は不良グループに入り、けんかや恐喝ばかりして歩く。一五歳ごろには、辺りで名の売れたワルになっていた。ボカネグロの左目の下には、横に七センチほどの大きな傷跡がある。ゲリラ時代の戦闘の負傷かと思って尋ねると、「けんかの傷跡だ」と苦笑まじりで答えた。

一七歳で志願して政府軍に入る。これもとりたてて理由などなかった。徴兵の適齢期になったワル仲間が次々に軍に入ってしまったので、しかたなく自分も志願したといった程度のことだ。村のある地域一帯で、ほかに勤め先などなかった。

「軍に入ったら、ベッドと飯つきで月に二〇万ペソ［約八〇ドル］もらえた。飯には肉が入っていた。腹いっぱい肉を食べたのは生まれて初めてだった」

兵役は一八カ月だが、満期になっても行くところがない。仕方なく、もう一年志願する。しかし一九八五年、上官とけんかして軍をやめた。注意されたことに腹を立てて「このバカ野郎！」と怒鳴り、軍服をその場で脱ぎ捨ててしまったのだ。

「それもまあ、成り行きで……。将来を考えたらやめないほうがよかったんだが、仕方がない。ともかく、それで飯が食えなくなってしまった」

二〇歳だった。

コカ積みからゲリラに

二〇歳で政府軍を飛び出したボカネグロに職はなかった。家に帰ってもどうしようもない。ボゴタやカリなどの大都市を渡りあるき、道路工事の作業員などの日雇い労働をした。しかし仕事が毎日あるわけではない。あぶれる日が多く、生活は苦しかった。そんなある日、友人からコカ摘みが金になると聞いた。

一九八八年、フトマジョに移る。ボゴタの南約三〇〇キロ、アンデス山地の町だ。二三歳になっていた。

コカの葉はコカインの原料で、民間の栽培は禁止されている。しかし政府の力が及ばない山地では、麻薬カルテルが農協代わりになって農場を支配し、組織的に不法栽培していた。コロンビアで大がかりなコカイン栽培が始まったのはそんなに古い話ではない。

もともと畑のすみで小規模につくられてはいた。しかし一九七〇年代までは、米国のヒッピー向けのマリファナ栽培の方が主流だった。ところが七〇年代後半になると、米国ではマリファナに代わって「スピード」とか「クラック」と呼ばれるコカイン錠剤や粉末に人気が集まる。これで一気にコカイン栽培が広がった。

初めは地方の小さなギャング組織が農家と組んで密造していたが、利益が大きく需要が高いため組織の統廃合が進み、それらが連合してカルテルをつくるようになる。メデジンやカリに大組織が生まれた。大金をつかんだカルテルは、それで政治にまで介入しはじめる。ボカネグロがフトマジョに移ったのはそんな時代だった。

フトマジョ近郊の山中にカルテル支配下の農場がある。そこでコカ摘み労働者として雇ってもらった。コカ摘み作業はチームに編成されており、それぞれのチームに親方がいる。労働者は農場ではなく、その親方と契約する形である。コカの葉を一二キロ入りの麻袋にひと袋摘むと、一ドルの賃金がもらえた。

コカの木は一・五メートルほどの高さで、お茶の葉のような、緑色で楕円形の葉をつける。葉の長さは五〜六センチだ。その葉がコカインの原料になる。

朝四時に畑に出る。コカの木を股にはさんでしならせ、葉を手でこそぐ。それを麻袋に詰めていく。

「木は丸裸になってしまう。しかし四五日たつとまた収穫できるようになる。コカは生命力の強い植物なんだ」

一二キロのコカの葉ひと袋を精製すると、一〇グラムのコカインが取れる。米国だと一グラムが五〇〜一〇〇ドルになるが、産地価格では一〇ドル程度だ。カルテル側は、麻袋ひと袋分のコカインで一〇〇ドルの利益を手に入れるわけである。

ボカネグロは一日平均一五袋摘むのがやっとだった。賃金はひと袋一ドルだから、一日の収入は一五ドルだ。

「三〇袋やるベテランもいたが、自分は最高でも二〇袋だった。午前一〇時になると作業終了だ。なにせ赤道直下だ、暑くて頭がくらくらしてくる。雨の日は涼しいので昼過ぎまでがん

コロンビア南部で行軍するFARCゲリラ。女性が約二割いるという［AP／WWP］

ばった」

手はコカの葉で傷だらけになる。フトマジョの町では、コカ摘み労働者は「ラスパチーネス」と呼ばれた。「手が傷だらけの男」という意味のスペイン語である。

ある日、村の飲み屋で左派ゲリラFARCのメンバーと知り合う。男はフトマジョの町の様子や国軍の動きをしきりに尋ねてきた。国軍には反感を持っていたので、知っていることをすべて教えてやった。

何度も会っているうちに、男から積極的な情報収集を頼まれるようになる。コカ農場の近くにFARCの基地があり、男との連絡のためひんぱんに出入りした。そのうち、いつの間にかFARCのメンバーになっていた。

正式に兵士となったのは一九九四年、二八歳のころだ。三カ月の軍事訓練を受けた。

「FARCは社会主義ゲリラだといわれていたし、自分でもそう思っていた。ところが中に入ってみたら関係なかった。人質を拉致して身代金を取る。コカインの密輸をする。幹部は一日中そんなことばかり話していて、政治的な話題はほとんど出てこなかった」

コカインの密輸の利益は幹部が独占し、明細は明らかにされなかった。兵士は武器と食料を与えられるだけで、給料はない。ときどき「小遣い」を与えられるだけだった。

渡された「ノリンコ」で多くの戦闘に加わった。二〇〇一年一二月には南部の村で、敵対する右派ゲリラAUCの四〇〇人の部隊を全滅させた。経験した最大の激戦だった。

翌二〇〇二年八月、AUCと国軍の合同部隊による大規模な報復攻撃を受けた。

投降、そして売春宿暮らし

二〇〇二年八月のある早朝、ボカネグロのFARCゲリラ約二〇〇人は、国軍と右派民兵組織AUCの合同軍の大攻勢を受けた。合同軍は一〇〇〇人を超す大軍で、空にはヘリコプターが飛びまわり、下からは山道を装甲車が上ってくる。とても対抗できる状態ではなかった。指揮官はボカネグロら一〇人ほどの兵士を呼び、「前に出て敵をしばらく食いとめろ」と命ずる。本隊が撤退する時間稼ぎのためだ。

冗談じゃない、と思った。

「確実に死ぬと分かっている戦闘につきあえるものか。もういやになった」

投降しようと決めた。

ブッシュに隠れてノリンコ銃を捨て、迷彩服を脱ぎ捨てる。パンツと軍靴だけになり、右手に38口径のピストルの銃身の方を持ち、国軍の方に向かって歩いた。

午前一〇時ごろ、山道を上ってくる国軍の小隊が見えた。ボカネグロは手を振り、「アミーゴ、おれは投降しに来たんだ」と大声で叫んでピストルを放り出した。

銃をかまえた兵士がばらばら駆け上がってきた。地面に腹ばいにされ、軍靴で首の後ろを踏まれる。そのままの姿で将校からかんたんな尋問を受けた。

国軍の部隊に連れて行かれ、さらに上級将校の尋問を受ける。四日後、ヘリコプターでボゴタの軍司令部に送られた。

軍司令部での尋問が終わると、社会復帰のためのリハビリが始まった。投降ゲリラの住宅は家賃が一年間無料の上、食費も提供された。その住宅が、旧市街のアパートだった。

そこに二年目のいまも住む。リハビリ期間が過ぎているので家賃は払わなければならない。月九〇ドルの家賃は安いといえば安いのだが、安定した収入のない彼にはきつい。

アパートはコンクリートづくりの二階建てだ。間口が狭くて奥行きが長い、ウナギの寝床のようなつくりだ。表から裏まで、土間の細い通路が突きぬけており、その両側に約二〇室が並ぶ。各部屋は八畳ほどで大きなベッドがあり、狭いがトイレと洗面所がついている。しかし部屋に窓がなく、異様な感じがした。

「ああ、ここはもともと売春宿なんだ」

アパートの入り口には軽食堂があり、そのわきが玄関だ。緑色に塗られた鉄製ドアの前に派手なミニスカート姿の女性が立ち、朝から客を引いている。尋ねると「ショートなら一万ペソ」と事務的な答えが返ってきた。約五ドルだった。

ボカネグロは現在、工事現場などの日雇い労働で働いている。コカ摘み労働者になる前の状態に戻ったわけだ。しかし日雇いは収入が不安定なため、将来は露店の駄菓子売りをしようと思っている。手押しカートにあめやクッキー、ジュース、たばこを並べ、公園などで売る小さい商売だ。

中古のカートはすでに手に入れた。後は商品を仕入れるだけなんだが、その資金がなかなかたまらない、と笑った。日雇いから帰ると、ついつい表のバーでビールを飲んでしまうからだ。

なぜゲリラ組織などに入ったのか。

窓のないアパートで暮らすボカネグロ
［ボゴタの下町で。撮影◈著者］

「好きで入ったわけじゃない。国軍に入ったのもコカ摘みになったのもそうだ。ほかに職がなかったからだ。ほかの仕事で食えるなら、ゲリラなどという危ないことはしない。ゲリラになっている農村の若者たちはみんなそうだ」

それともうひとつ。コロンビアには銃があるからだ。

「だから自分はリクルートされた。FARCだって銃がなければ兵士を増やすことはできなかっただろう。だがどういうわけか、銃はいつも運び込まれてきた。弾丸は不足していたのにな」

一七歳、銃の刻印を削る

ボカネグロは二〇〇二年八月、国軍に投降してゲリラをやめた。だがそのころ、あらたにゲリラに加わったものもいる。

アルバロ・セゲイラ。当時一七歳の少年だ。参加した理由はボカネグロと同じく「ほかに職がなかったから」である。

首都ボゴタから北へ約八〇〇キロ、カリブ海沿岸の都市カルタヘナ近郊の農村で生まれた。両親が離婚し、セゲイラは祖父の家に預けられた。初めは父母双方から仕送りがあったが、そのうち二人とも連絡がなくなった。二人が今はどこにいるのか分からない。

小学校は三年でやめ、近くのドン・ミゲルという人の農場に通って手間仕事をするようになった。畑の草取りやバナナの木の手入れ、コーヒー豆摘みなどをして、昼飯つきで一日七〇〇〇ペソ［約三ドル］もらった。

祖父の村は左派ゲリラFARCの支配地域だった。地主の家がFARCの連絡所になっており、村人は日頃から地主に情報を流して協力していた。「隣村に国軍の部隊が来ている」「トラックが四台、兵士を乗せてカルタヘナからやってきた」――。

村人が積極的にFARCを支持していたからというわけではない。恭順の態度を示す方が安全だったからだ。村を仕切っているのはFARCだ。軍も警察もやってこない。村で暮らしていこうとすれば、そうした協力をしないわけにはいかなかった。

二〇〇二年は不作の年だった。セゲイラは五月、農場の手間仕事をクビになる。収入がなくなった。家の近所でぶらぶらしていると、祖父から「いい若い者が何もしないのか」としかられた。いい争いになり、家を飛び出す。友人のウンベルトの家に転がり込んだ。

しかしウンベルトも同様の失業青年だ。二人で話しているうちに、FARCに入ろうということになった。連れだって地主の家に行き、「FARCに入りたい」と申し出る。連絡係のゲリラ兵にFARC基地に連れて行かれ、指揮官から名前と住所を聞かれただけで、その日のうちに採用になった。

基地は村から徒歩で三時間ほど山に入った谷間の農家にあった。門には歩哨が立ち、敷地の外には四方に見張りの兵士がいる。門のわきに隊長のテントがあり、兵士たちは敷地のすみの野営場で寝起きしていた。部隊は隊長をふくめて一五人だった。小隊の規模だ。

セゲイラとウンベルトはそれぞれ一人用のテントと迷彩服を渡された。先輩兵士に教わりながら土を四角に盛って固め、バナナの葉を並べ、その上にビニールシートを敷いてベッドにした。寝るときも迷彩服のままだった。

基地わきのジャングルで一カ月の訓練を受けた。木銃を持たされて前進や突撃、分列行進を繰り返す。それがすむと本物の自動小銃を渡された。ノリンコのＡＫで、すでに全自動にしてあった。

実弾訓練が始まる。しかし弾丸が不足しており、連射は許されなかった。

訓練の合間にやらされた仕事は、新しい銃の刻印を削ることだった。

基地には、どこからか銃と弾薬が届いた。木箱に入れられ、ロバの背に積まれてくることもある。ほとんどがＡＫで、銃の機関部の左側面には数字の他にさまざまな国の言葉が刻まれていた。刻印の字数は一〇個から二〇個だ。それをタガネでたたいてつぶす。銃の出所を不明にするためだ。一丁で二〇分から三〇分かかった。どこの国でつくられたかが分かっても、製造番号が分からなければ調査できないのだと聞いた。刻印をつぶした銃は、またたれかが来てどこかに運んでいった。

訓練が終わると、隊長付きの無線機係を命じられた。無線機を背負って隊長の後をついて歩く。

無線機のバッテリーは使用後に自家発電機を使って充電しなければならない。発電機は石油を燃料にひもを引っ張って始動する携帯型で、重さは一〇キロ程度ある。燃料の石油の四リットル缶が四キロ、工具箱が二キロ、自分の銃が五キロ、計二〇キロ超をかつぐことになった。

セゲイラは一八〇センチ八五キロあった。体が大きかったので発電機かつぎに見込まれたようだ。部隊の行動範囲は基地を中心に山間の一五キロ四方だ。国軍に追われ、山道を六時

「ゲリラになる以外にやることがなかった」と語るセゲイラ
［ボゴタで。撮影◈著者］

間歩き続けたこともある。

「おかげで足腰はずいぶん丈夫になった」

初の戦闘、仲間の死にショック

ＦＡＲＣに入ったセゲイラが初めて戦闘を経験したのは二〇〇二年七月だった。ゲリラになって二カ月たらずの時期だ。バシュデパルという山村で、ゲリラ捜索に来た政府軍を迎え撃った。

ＦＡＲＣの側は、あちこちの部隊が集まって二〇〇人ほどの勢力になっていた。セゲイラは隊長の無線機係だったため、最前線には出なかった。しかし部隊が前後に延びすぎ、その横腹を政府軍に突かれた。

弾丸がひゅんひゅん飛んできた。立ち木に当たって不気味な音を立てる。自分も夢中で撃った。敵は見えず、頭を下げて闇雲に撃った。怖かった。

戦闘は二〇分ほどで終わった。自分に弾は当たらなかったが、仲良くしていた隊員が死んだ。朝までふざけていた仲間だ。死のあっけなさにショックを受けた。同時に、ゲリラに加わるということは単なる就職がわりの方策ではなく、命にかかわる選択だったのだということとを肌で感じた。

セゲイラは、弾を弾倉の半分、一五発撃っていた。半分は残っていた。

「弾不足で自動連射を禁じられていたからだ。連射だったら弾倉全部を一気に撃ちつくしていたと思う」

カラシニコフ銃は、連射だと一秒間に一〇発が発射される。三〇発の弾倉は三秒で出ていってしまう計算だ。初めて戦闘に参加した兵士はパニックにおちいり、引き金を引き続ける。「連射」にすると、弾を撃ちつくしてしまったのにまだ引き金を引いている兵士がいるのだという。

二回目の戦闘はその二カ月後、九月だった。ガスボンベに爆薬をつめた爆弾を道路わきにしかけ、政府軍を待ち伏せした。しかし爆弾が暴発し、味方に一〇人以上の死者を出して失敗した。

三回目はそのさらに三カ月後だ。このときは待ち伏せが成功し、政府軍の一〇人以上を殺した。

戦闘がないときは道路検問をした。ドラム缶に棒を渡しただけのかんたんな遮断機で道路をふさぎ、トラックやバスをとめて「通行料」を徴収する。金持ち風の通行人がいたら拉致し、基地内に拘束して家族に身代金を要求した。身代金がどう届けられ、どう処理されたかは知らない。人質はたいてい釈放されたが、殺された者もいると聞いた。

ボカネグロの場合と違い、セゲイラの部隊の食事は貧しかった。塩味もしないようなスープばかりで、パンも少ない。いつも腹が空いていた。

二〇〇四年八月、基地を一〇キロほど離れたティエラヌエバスの山の中に移動することになる。セゲイラとウンベルトが食料運搬を命じられた。

食料倉庫は農場主の母屋のわきにあり、缶詰や小麦粉の段ボール箱が積み上げられている。倉庫は雨漏りしており、一番下の段ボールは底が濡れていた。それを知らずに二人が持ち上げると、底が破れて中身のツナ缶が床に散らばった。空腹の少年たちに魔がさす。二人で二個ずつポケットに入れ、出発直前、発電機のザックの底に隠す。それが見つかってしまった。

ＦＡＲＣの懲罰は厳しい。弾丸を一発なくしただけで重労働一日だ。食料を盗んだ罪は重かった。隊長にさんざん殴られ、「三〇日間の便所掘り」の懲罰を言いわたされた。

基地のトイレは、ブッシュの地面に穴を掘ってつくっていた。縦五〇センチ横三〇センチの穴を、深さ八〇センチほどに掘る。いっぱいになると埋め、離れた場所にまた穴を掘る。日常の仕事のほかに毎日、穴掘り穴埋めをしなければならない。重い発電機をかついで山中を行進し、ときには戦闘となり、へとへとに疲れていても、帰着したとたんに「穴を掘れ」と命じられた。夕闇の中での穴掘りはきつかった。

一〇日ほどしたある日、ウンベルトがささやいた。

「もうたまらない。逃げよう」

バスを検問する右派ゲリラAUCの兵士
［コロンビア西部で。撮影◆杠将］

セゲイラはうなずいた。二人は身支度をととのえ、チャンスを待った。

自転車二人乗りで逃走

脱走を決意したセゲイラは、ウンベルトとともに機会をうかがった。

二〇〇四年八月二四日の早朝、二人は基地周辺のブッシュ伐採を命じられる。ブッシュが茂りすぎると見通しが悪く、敵の接近に気づかない恐れがあるからだ。

午前六時、支度をしてブッシュに入ると、手斧を捨てて逃げ出した。見張り所のあるあたりを匍匐《ほふく》前進で通り抜けて迷彩服を脱ぎ捨て、持ってきたジーンズに着替える。ピストルを腰のベルトにはさんで山道を走り下った。

正午すぎ、下り道の途中にあるＦＡＲＣ系の農家に立ち寄り、「私服で情報活動中だ」とうそをついて昼飯を食べさせてもらう。揚げバナナを肉入りスープでかき込み、また歩いた。

夕方五時すぎ、別の農家に寄る。そこからは国道が眼の下に見えた。安心したら空腹感が押し寄せてきた。食事を頼み、揚げたキャッサバと小豆入りのライスをお代わりして食べた。軒下に自転車があったのでそれを借りた。緑と青のツートーンに塗られた新品だった。

国道に出たところでふと振り返ると、ＦＡＲＣの軍用車があわただしく農家に入っていく

右派ゲリラAUCが支配する農村。兵士が道に立っている
［コロンビア西部で。撮影◆杠将］

のが見えた。追われていると直感する。自転車に乗り、必死で走りはじめた。セゲイラがこぎ、ウンベルトは後ろに立ち乗りした。

下り坂を飛ばした。三〇分でブレーキが吹っ飛ぶ。セゲイラが足を伸ばし、ブーツのかかとをブレーキ代わりにまた走った。間もなく後輪がパンクする。それでもガツガツしながら走り続けた。タイヤが切れて外れた。チューブも切れた。ホイールだけで走った。振動がガタガタと尻の骨に響くが、とまるわけにはいかなかった。

上り坂になると自転車をかついで走った。ホイールリムは曲がっていびつになり、スポークはくにゃくにゃになっていたが、怖くて自転車を捨てられなかった。

夜七時、チェーンが切れる。あきらめざるを得なかった。道路下の草むらに自転車を投げ込み、二人で走った。

九時過ぎ、政府軍支配下のコペイという町に着く。汗まみれで警察署に飛び込んだ。

「投降したい。ＦＡＲＣに追われている」

ピストルをカウンターにがしゃんと置いた。当直の中年警官はよほど驚いたようで、口をあんぐり開けていた。その顔は今も覚えている。

当直将校からボディーチェックを受けた。「よくこれで自転車に乗っていたな」といわれる。尻がすりむけてはれあがり、血が出ていたのだ。いわれるまで痛みに気がつかなかった。

警官が一リットル入りのジュースのボトルと鶏の炒め飯を買ってきてくれた。それを平らげ、一〇時半過ぎ、毛布にくるまって廊下のベンチに横になる。しかし不安でしかたない。警官に頼んで留置場に入れてもらい、そこで寝た。

翌朝は昼近くまで眠った。警官から、深夜に町はずれでFARCと政府軍の撃ち合いがあったと聞かされる。自分たちを追ってきた連中に違いないと思った。

翌日は政府軍司令部に連れて行かれ、尋問された。丸一日かかった。

三日後、二人はコペイの近くの国軍基地でヘリコプターに乗せられた。地上で掃討作戦中の政府軍部隊に、FARC基地の場所を指示するためだ。山中に点在する拠点や見張り所、弾薬の集積所を教えた。

夜、軍に包囲されたゲリラ部隊が大きな損害を出し、幹部二人が逮捕されたと聞いた。

「これでもう故郷には帰れなくなった」とセゲイラはいった。

命ねらわれる投降者

FARCを脱走したセゲイラは今、ボゴタ市北部の投降ゲリラ用の住宅で暮らす。

商住地にあるふつうの3LDKの一軒家だ。それを政府が借り上げ、各部屋に元ゲリラが数人ずつ、合計九人が住んでいる。売春宿に住むボカネグロより居住環境はいいが、一人一部屋ではないのでプライバシーはない。しかし元ゲリラたちはみな二〇歳から二五歳の若者ばかりで、集団生活をあまり気にしているふうではなかった。

「ガールフレンドができたのでここを出たいのだが、一人だけで暮らすのは危ないと軍の人からいわれている。仕方がない」

ＦＡＲＣが投降者への報復を続けている。コロンビア警察によると、二〇〇四年一～六月の半年で元ＦＡＲＣゲリラの六人が報復で殺された。集団で住んでいるかぎり手を出してこないのだという。

投降してから、故郷の祖父とは電話でときどき話す。お互い、家には電話がない。他人の携帯電話を借りて祖父の近くに住む知人に電話し、「何時にまた電話する」という伝言を伝えてもらい、その時刻ごろまた電話を借りるという方法だ。

祖父からは「もう家には帰ってくるな、殺される」といわれた。祖父の家にはＦＡＲＣ関係者がひんぱんに顔を出し、セゲイラがどこにいるか、しつこく尋ねるのだという。「セゲイラは報復で殺された」というウソの情報を流し、祖父の反応を見るような手の込んだこともしたという。

ゲリラに加わるには、主義主張についての面接試験も、社会主義の知識に関する筆記試験もなかった。基地でも、政治学習などほとんど行われなかった。入るのはかんたんだった。しかし抜けるのは命がけだ。暴力団と変わりがなかった。

セゲイラは自転車のことを気にしている。

「壊してしまった自転車を、農家に弁償しなければと思う。あのおかげで殺されずにすんだんだ。命の恩人だ。青と緑のきれいな自転車だった。……でも、当分はむりだろうな、帰れないから」

セゲイラと会うのは、住宅から車で一〇分ほど離れた公園だった。最初は投降者住宅の近くの喫茶店で会ったのだが、彼が周りの客を警戒して緊張してしまい、私の質問に集中できなかったためだ。公園だと、ベンチに座って話していてもだれも気にしない。子どもたちが

空から見たメデジン郊外の山地。険しい山や谷を細い道が結ぶ
［撮影◆著者］

ボール遊びで騒いでいるので、こっちの話し声をだれかに聞かれる心配もない。二回目からは笑って答えるようになった。子どものころはワルだったと自分ではいうが、笑顔のとてもいい、すなおな青年だった。

いまセゲイラは建設現場の日雇い仕事をして暮らす。朝、建設会社のトラックが迎えにきてみんなを乗せ、夕方送ってきてくれる。毎日がその繰り返しだ。話が将来のことに及ぶと、とたんに口数が少なくなる。

「コカ撲滅のプロジェクトがあるんだ。大統領府がやっている。投降者を優先的に雇ってコカを伐採し、月二〇〇ドルの給料をくれる。それに採用されれば生活のめどが立つんだが」

しかし今のところ、いっしょに暮らす仲間のだれにもプロジェクト参加の声はかかってきていない。

セゲイラは、地区の投降者たちでつくるサッカーチームのレギュラー選手だ。建設作業の仕事が終わるとすぐ、仲間と近くの空き地に通い、毎日練習している。その話になると、表情が生き生きしてくる。体を動かすことに夢中になれるし、チームメートが投降者同士なので神経を使わずにすむ。いい気晴らしになっているようだ。

「投降者のサッカーは年に二回、政府主催の大会がある。ボゴタ地区で優勝すると二〇〇ドルの賞金が出るんだ。自分のチームはけっこういい線いっている」

町で撃たれ、頭に穴

左派ゲリラFARCは一九六四年、ソ連共産党の影響を受けて結成された。その後運動が腐敗し、コカ密輸や誘拐などで年間八億ドルをかせぐ無法集団となった。現在では一万七〇〇〇人の兵力を持つ大組織だ。

地主や大農場主は、FARCの襲撃に頭を痛めた。地方に政府の力は及ばず、警察や軍は頼りにならない。対抗のため自警団を組織し、武装した民兵を雇った。その民兵組織が合同し、一人歩きを始める。それが右派ゲリラ「コロンビア自警軍連合」〔AUC〕だ。約一万三〇〇〇人といわれる。ゲリラというより、やくざな自警団が連合組織をつくり、それが暴力団化したというのが当たっている。

AUCは思想的には極右に近く、FARCと激しく対立する。しかし下級兵士の参加の動機はFARCと変わらず、貧しさだった。

二〇〇三年に投降したサンドロ・パボン〔一七〕は、FARCに殺されそうになったのがきっかけでAUCに加わった。

メデジン東部の最貧地区マンドケで生まれた。母はシングルマザーで、父ははじめからいなかった。貧困地区で父なし子はごく当たり前だった。

母は統合失調症だった。調子がいいときはパートのメードで勤めにでるが、すぐおかしくなって解雇された。母子二人の生活を支えるためパボンは小学校を一年でやめ、町で働きはじめる。レストランの皿洗い、バーの床掃除……。一日二ドルぐらいにはなった。しかしそれは家賃に消え、生活はちっとも楽しくなかった。

体は大きく、一六歳で一八〇センチもあった。ガードマンになろうとしたが、正規雇いになるには政府軍の「退役証明書」が必要だといわれる。一八歳になった一九九五年、母を老人ホームに預かってもらって軍に入った。パナマ国境の密林地帯で一八カ月の兵役をつとめた。

一九九六年除隊。退役手帳をもらってメデジンに帰る。二年契約でコカコーラ工場の警備員に採用された。母をホームから引き取り、その世話をしながら暮らした。

しかし九八年、契約が更新されず、失業した。退役手帳の効果はそれまでで、ほかに職は見つからない。近所の子どもたちを集め、バスの洗車をして一日四ドル稼ぐのがやっとだった。

そのころ、メデジンではＦＡＲＣが幅を利かせていた。農地解放とか社会主義革命とかのスローガンをかかげ、若者を勧誘する。自分のところにもきたが、いやな連中が多かったため知らぬふりをしていた。自宅にまで誘いがきたときもあった。

二〇〇〇年末のある日、夜の町を友人と二人で歩いていると、横道から現れたＦＡＲＣの若者がいきなりピストルを撃ってきた。友人は胸を撃たれて即死だった。自分も頭を撃たれて倒れた。すごいショックと激痛で、ああ自分はこのまま死ぬんだと思いながら気を失った。気が付くとだれもいなかった。頭から大量の血が流れ、ずきずき痛む。目の前が真っ赤で何も見えない。通りがかりの人に助けられて病院に行った。そのまま集中治療室に入れられ、大手術になった。医師によると、跳弾が頭蓋骨を砕いたが、そのまま跳ね返ったために死なずにすんだのだとのことだった。頭蓋骨の破片を取り除くのに時間がかかり、退院まで一カ月かかった。

パボンの頭にさわってみた。頭頂部の左側にぐにゃりとやわらかい場所があり、指がめり

パボンが右派ゲリラに入隊したのは、左派ゲリラに撃たれたことがきっかけだった
［撮影◆著者］

込む。頭蓋骨が直径一センチほど欠けたままなのだといった。

町にいたら殺される。そう思ったパボンは退院した足でＡＵＣの知人を訪ね、そのまま入隊した。面接した将校に母のことを頼み、メデジン近郊の山中にある基地に移った。

基地ではノリンコを渡され、三カ月の訓練を受けた。兵役経験があったので、訓練そのものはきつくはなかった。

「ノリンコはいい銃だった。それから三年間、一回も故障しなかった。ＦＡＲＣもこれを使っているんだってな。兵役のときはガリルだったが、しょっちゅう故障していた」

ＡＵＣゲリラとしての最初の戦闘は入隊から七カ月後、ハコバルナ地区で起きた。相手はＦＡＲＣだった。

五〇人の部隊の隊長に

二〇〇〇年、メデジン近郊のハコバルナ地区で起きた最初の戦闘で、パボンはＦＡＲＣゲリラと戦った。大変な激戦で、六時間も続いた。

「銃の弾倉には弾丸が三〇発入っている。自分はそのほかに予備の弾倉を四個持たされていた。合計で一五〇発だ。それを全部撃ってしまった。弾がなくなり、どうしようかと思ったくらいだ」

敵は撃退したが、味方も三人が死んだ。それから三年間のAUC生活で二〇回以上の戦闘を経験したが、ハコバルナ以上の激しい戦闘に出くわしたことはない。

二〇〇三年、五〇人の部隊の隊長に任命された。大尉格で、給料が月二〇万ペソ〔約九〇ドル〕から八〇万ペソ〔約三五〇ドル〕に上がる。物価の安いコロンビアではかなりの高給だった。

政府軍は左派FARCとの対抗上、右派のAUCと連携して作戦を組むことが多かった。アンデス山地のすみずみまでは政府軍の手が回らない。その不足分をAUCで補おうというねらいである。

AUCもFARC同様、コカイン密輸や誘拐などをしているのだが、対FARCでは政府軍の補助軍隊としての役割を果たした。AUCとしても「お上の威光」を背にした方が大衆向けにはやりやすかった。ギブ・アンド・テークだ。それに「お上の威光」があったため資金面でもFARCより潤沢だった。パボンのような下級指揮官が高給をもらえたのは、そうしたことが背景にあった。

コロンビア政府は一九九九年、ゲリラとの和平をかかげ、各派との交渉に入る。背後にはコカイン密輸に手を焼く米国の圧力があった。

しかしFARCは、政府の右派ゲリラ対策が生ぬるいことを不服として交渉から手を引く。このため政府は早急にAUC対策をとる必要にせまられた。AUCに解散を求め、AUCはそれを受けて二〇〇二年七月、一方的に解散を表明し、停戦を宣言した。

翌二〇〇三年一一月、パボンの地区のAUC部隊約八七〇人は武装解除に応じて解散した。兵士は約八〇ドルの給料をもらい、メデジンで社会復帰のためのリハビリ訓練を受けている。中身は識字教育や職業訓練で、期間は二年間だ。

パボンも現在リハビリ期間中である。ただしかつての部下五〇人に対する「保護観察官」の役職がついているため給料はやや高く、約一八〇ドルだ。

統合失調症の母は二〇〇四年、パボンが結婚する前に死んだ。六〇歳だった。しかし最後には病院に入れてやり、葬式もちゃんと出した。

「あんな生活の人間としては、まあまあの最後だったんじゃないか。母のためにやれることはやったと思っている」

二〇〇四年、結婚した。政府の武装解除担当職員だった女性〔二九〕と、社会復帰事業の連絡で行き来しているうちにつきあうようになった。いまはメデジン郊外の妻の2LDKのアパートで暮らす。妻は離婚経験があり、五歳と三歳の二人の男の子がいる。その子どもと妻の母親もいっしょに住んでいる。家は狭いが、ゲリラになる前の家を考えたら天国だ。

「妻と子どもが一度にできた。すばらしいじゃないか。自分は子ども好きなのでちょうどよかった」

週末には二人を連れて公園で遊ぶ。

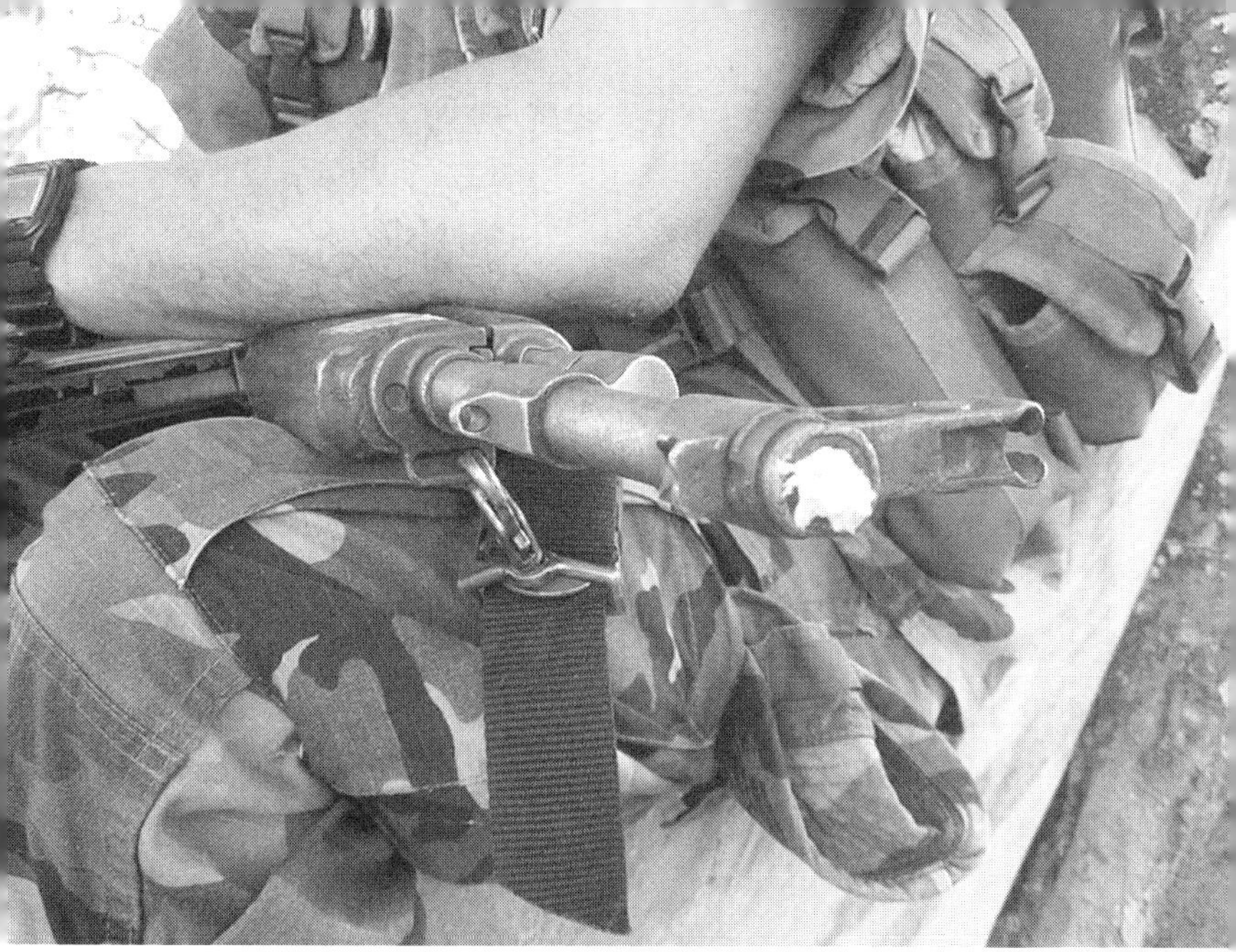

右派ゲリラ兵のAK47には泥よけの紙が詰めてあった
［コロンビア西部で。撮影◆杠将］

いま、メデジンは平和だ。給料はAUC時代の方が倍もよかったが、収入が少なくても戦闘がない方がいいとつくづく思う。夜、町を歩いて襲われるようなことはなくなった。銃を持たなくても安心して歩ける。銃のない生活はとてもいい——。

セゲイラもボカネグロも、ゲリラとしてははなはだ頼りない兵士だった。思想や信念に裏打ちされていたわけではない。ほかに仕事がなく、食っていくために仕方なく加わった武装集団だった。右派ゲリラに参加したパボンも、右翼としての信条があったわけではなかった。

山国のコロンビアでは、谷あいの村にまで政府の力は届かない。事件があっても、パトカーや救急車はやってこない。地方の農家に強盗が入ったぐらいで警察は来てくれない。その上ゲリラに交通が寸断され、首都ボゴタから第三の都市メデジンまで、たった二五〇キロを陸路では行けない。

ボゴタ—メデジン間の山道の景色は絶景だという。そのため「道路でメデジンに行ってみたい」という市民の要望は強い。私が滞在中の二〇〇四年九月、軍がそうした声に応え、装甲車付きのコンボイを組んだ。約一〇〇台の車列がボゴタを出て、五時間後にメデジンに着いた。陸路で両都市が結ばれたのはおよそ一〇年ぶりのことだと新聞に出ていた。軍の護衛がなければできない話なのである。

治安の悪さから地方に資本が入らず、地方の経済活動は停滞している。若者の働ける場所は圧倒的に少ない。貧しい若者たちは、食うためにはコカ労働者になるか、ゲリラに加わるしかない。右派も左派も関係ない。

アフリカのシエラレオネでは、腐敗した国家指導者がダイヤモンド資源を私物化した。ダイヤの収入は指導者の個人口座に振り込まれ、教育や治安といった国家建設には使われなかった。やがてダイヤ利権をめぐって争いが始まり、住民を犠牲にした内戦の混乱に落ち込んだ。

ソマリアでは冷戦時代、紅海の出口という「地の利」を指導者が米ソに売りわたし、その見返りを私物化した。シエラレオネ同様、国家建設は無視された。冷戦の終結で実入りがなくなった指導者は失脚し、軍閥割拠の状態になる。「銃がすべて」の無政府社会で、住民は将来のない生活を送っている。

アフリカの国々のそうした混乱は、腐敗した指導者に国家建設の意欲がなかったために起きた。いわば「失敗国家」の帰結である。

コロンビアの場合、政府に国家建設の意欲はある。しかし、アンデスという統治しにくい山地を国内に抱え込んでしまったため、治安確保の手が及ばないのだ。

そして治安の不安定に拍車をかけているのが、間断なく流れ込んでくるカラシニコフ銃だった。

武装の費用はコカインで

コロンビアで取材した元ゲリラのうち、ボカネグロとセゲイラの二人が左派ＦＡＲＣ、パボンは右派ＡＵＣだ。その三人とも、使っていた銃は中国製カラシニコフ「ノリンコＭＡＫ」だった。競技用の銃床が付いた半自動のタイプである。彼らはそれを全自動に戻し、連射できるようにして使っていた。

どうしてそんな銃がコロンビアに入ってきているのだろう。

内務省の国際警察担当官カルロス・ガルシアによると、ノリンコＭＡＫの押収数はこの数年で急速に増えているという。

コロンビアで初めてノリンコＭＡＫが押収されたのは一九九七年で、一丁だけだった。二〇〇四年にはそれが一二七丁となる。ゲリラの自動小銃の押収数は年間平均で二〇〇〇丁前後だから、その六〜七パーセントにあたる。

ゲリラ各派の兵力の総計は、二〇〇〇年の統計でほぼ四万人といわれる。その全員が銃を持っているとすれば、単純に推計して二五〇〇丁前後のノリンコＭＡＫがコロンビアでゲリラによって使われていることになる。

押収されたカラシニコフ自動小銃の製造国別でもっとも多いのは旧東独で、全体の三割を占める。あとはブルガリア、旧ユーゴスラビア、中国〔AK47〕、北朝鮮などが一割前後で並んでいる。そうしたカラシニコフ銃はすべて軍用だ。その中で、競技用ノリンコMAKの「六〜七パーセント」は目立つ存在だった。

旧東独製が多いのは、中米ニカラグアの国軍が左派政権時代、大量に東独から購入していたためだ。それがヤミに流れ、組織的に密輸されているのだという。

北朝鮮製は、かつてペルーの左派政権が警察用に買い付けていた。ペルーの地方警察署がゲリラに襲われて銃を奪われ、それがコロンビアに流れこんできたものだ。

多くの銃は製造番号の刻印が消されていて読めないが、消しきれずに残っているものもある。国際警察を通じ、コロンビアは各国に問い合わせている。ガルシアはいう。

「ドイツ政府からは必ず回答がくる。何年に東独のどこの工場でつくられ、どこの国に売り渡したものだ、と。東西統一後、ドイツでカラシニコフ銃はつくられなくなった。軍の銃がG3で統一されたためだ。それでもドイツ政府は製造台帳をきちんと管理しているのだろう。中国も回答はくるのだが、指摘の番号は当方のリストには載っていないという内容だ。それ以外の答えはない。北朝鮮はインターポールに入っていないため回答はこない」

ノリンコMAKは、中国の軍需工場「北方工業公司」が一九九〇年、輸出向けに開発した。年間一万丁以上製造されていたのではないかとガルシアはいう。

北方工業公司は、ノリンコＭＡＫの輸出実績をいっさい公表していない。しかし西欧や中東、アジア地域でこの銃は売られていない。そのため、製造された銃のほとんどすべてが米国に輸出されているはずだという。

ボゴタの軍司令部で、ハイロ・ピネイダ将軍に会った。いまは軍の法務長官だが、二〇〇四年まで対ゲリラ作戦部長だったゲリラ問題専門家の軍人だ。

「コロンビアは大西洋と太平洋の両方に海岸線を持っている。密輸しようと思ったら船はどこにでも接岸できる。海岸地帯はジャングルで、とくに太平洋側はすぐアンデスの山地につながる。夜中に小舟で接岸し、すぐ山地に持ち込まれたら摘発はむずかしい」

コンテナ数台分の大がかりな密輸もあるが、コロンビアのゲリラ地区に入る自動小銃のほとんどは、「オルミガ」と呼ばれる小規模な密輸だ。スペイン語で「アリ」の意味だ。

麻薬の運び人が海岸まで行き、アンデス山地でつくられたコカインを仲買人に渡す。代金がわりにカラシニコフを受け取り、一人が二丁、三丁のわずかな銃を背負い、アンデス越えで運んでくる。

一回で運ぶ数は少ないが、全体ではかなりの数になる。長い海岸線のどこかで、ひと晩に一〇人が「オルミガ」をやれば、年間では一万丁近い銃がコロンビアに入りこむ計算になる。オルミガの密輸は組織的でないため動きがつかめず、情報も入ってこない。

銃密輸の利幅は大きい。ノリンコは米国内の小売価格は約三〇〇ドルだが、コロンビアに持ち込めば一〇〇〇ドルから一二〇〇ドルになる。カラシニコフ一丁が一〇〇〇ドルを超すのは、世界でもコロンビアだけだろう。

アフリカではAK一丁が一〇〇ドルを切る地域がざらだった。供給が需要を上回り、地域に銃がだぶついているためだ。それがコロンビアで高値なのは、需要がきわめて大きいからである。そのため銃の密輸はあとを断たない。

なぜそれほど需要があるのだろうか。

ピネイダ将軍は、理由が二つあるといった。

ひとつは、ゲリラ組織が複数あり、互いに勢力を競い合っていることだ。

FARCは約一万七〇〇〇人。対立するAUCは約一万三〇〇〇人。ほかに親キューバの左派「民族解放軍」〔ELN、約六〇〇〇人〕、毛沢東主義の「解放人民軍」〔EPL、約五〇〇〇人〕などがある。どの組織も武器をほしがっている。

もうひとつの理由は、コカインという潤沢な資源をゲリラ側が持っていることだ。彼らは銃の代金の半額以上をコカインで支払っている。

コカ栽培面積は国連の推計で八万ヘクタールを超す。一カ月半ごとに葉をつけるから、ゲリラ側の財源は無尽蔵に近い。政府がコカインを撲滅できないかぎり、世界で最高の価格に引かれてカラシニコフ銃が流れこんでくるのである。

以前はパブロ・エスコバルをボスとするメデジン・カルテルがコロンビアのコカイン市場

を支配していた。しかし一九九三年にパブロが政府軍に殺されてから、メデジン周辺のコカインはゲリラ組織が仕切っている。

ピネイダ将軍は「日本にコカインは入っているのか」と逆に尋ねてきた。入っていると答えると、彼は眉をひそめた。

「だったら銃も入っているはずだ。コカインと銃は、中南米ではいつもいっしょに動く。そのため密輸が巧妙になり、摘発は困難になっていく」

メデジンの第四師団の倉庫で見たノリンコMAKは、輸入業者名などが入った刻印はつぶされていて読めなかった。そういうと国際警察担当官のガルシアは「読めるものもいくつかある。コンピューターに入っていたはずだ」と、リストの検索をはじめた。

画面に、米国のライフル業者の刻印が出てきた。うち二社の名前がくっきりと読みとれた。

「ゴールデン・ステート・アームズ社。カリフォルニア州マンハッタンビーチ」

「コンパセコ社。ケンタッキー州バーズタウン」

ガルシアに礼をいうのもそこそこに国際警察を飛び出し、ホテルの部屋に戻った。パソコンを開き、インターネットで二社を調べた。

「ゴールデン・ステート・アームズ社」は廃業していた。

しかし「コンパセコ社」は現在も営業中だった。バーズタウンの住所と電話番号も出ている。

ゲリラから押収されたノリンコMAK〔上〕。
通常、輸入業者の刻印がある。
「ゴールデン・ステート・アームズ」〔中〕は廃業していたが、
「コンパセコ」〔下〕は実在していた
〔写真はコロンビア内務省提供〕

米国の朝日新聞支局と連絡をとった。電話番号を伝え、コンパセコ社に取材の申し込みをしてもらった。

しばらくして、支局の同僚から返事が来た。

「取材は拒否されました。かなりねばってみたのですが」

第2章 ライフル業者

店に看板も表札もなし

コロンビアで押収された中国製ＡＫ「ノリンコＭＡＫ90スポーター」に、輸入元として米国ケンタッキー州の「コンパセコ」という会社の名前が刻印されていた。

本社は同州バーズタウンにある。空港のあるルイビルの町から南に約一〇〇キロ、人口二万五〇〇〇人の小さな町だ。

「コンパセコ」の名前でホームページを調べると、扱っているエアライフルなどの商品リストが何ページ分もずらりと並んで出てくる。通信販売が主力の業者のようだ。

ケンタッキー州の企業情報ブログにアクセスすると、「スポーツ用品輸入・販売」部門に同社の名前が出ていた。営業実績は「堅調」、信用度は「良」である。オーナーは女性で、役員欄にも同じ姓が出ている。同族会社らしい。従業員は五人しかいない。

コロンビアの内務省国際警察担当室で「コンパセコ」の名前を入手したのは、二〇〇四年一一月だった。首都ボゴタのホテルから米国の朝日新聞支局に電話し、「コンパセコ」社に取材を申し込んでもらった。オーナーの返事は「ノー」だった。支局によると、以下のような理由だった。

「たしかに一九九〇年代にノリンコMAKを輸入した事実はある。しかし国内の顧客にしか売っていない。現在はノリンコは扱っていない。一〇年以上も昔の話で、取材を受けても話すことは何もない」

その話を、とにかく会ってうかがいたい。支局の同僚はそうねばってくれた。オーナーは「それなら取材申込書を送れ」という。

質問内容をファクスで送った。しかし返事がない。一二月に入ってから催促の電話をすると、男性が出てきてけんか腰だった。

「これだけ嫌がらせをしたらもう十分だろう。営業妨害で警察を呼ぶぞ」

仕方がない、電話ではらちがあかない。直接バーズタウンに行ってみることにした。しかしクリスマス時期に面会の約束はできないし、飛行機も満員だ。動きが取れなかった。

二〇〇五年一月初め、正月休みが終わった早々に米国入りした。ルイビルの空港でレンタカーを借りる。カーナビ付きの車にしてもらった。割高だが、とにかくケンタッキー州など初めてなのだ。空港からどっちに向かって行けばいいのかさえ分からない。

バーズタウンまでは快適な自動車道で、一時間ちょっとで着いた。

商店街は、町の中心の教会の周りにこぢんまりとまとまっている。端から端まで一〇分もあれば歩けるような町だ。その商店街の中に銃砲店はなかった。何軒かの店で「コンパセコ」という名前を尋ねたが、知っている人は一人もいない。

「アトキンソン通り一五一番」というホームページの番地が、カーナビには出ていない。番地が「八〇番」までしか表示されないのだ。周辺を、カーナビを頼りに探してまわった。

夕方になって行き着いたのは、町はずれの原野に近い倉庫地区だった。「一五一番」は、縦一〇メートル横二〇メートルほどの倉庫に、車庫と小さな事務所がついているだけの建物だった。看板や表札など、会社の名前を示すものはいっさいなかった。郵便受けに薄れかけたペンキで「一五一」と書かれているだけだ。

事務所はプレハブで、呼び鈴さえなかった。おそるおそる敷地に入り、ドアまで歩く。ノックしてドアを開けると、受付も玄関スペースもなくていきなり事務机があった。従業員らしい三〇歳ぐらいの男性が一人で座っており、びっくりしたような顔でこちらを見た。ジーンズ姿で、ネクタイはしていない。

用件を伝えると、ああ、あの日本の新聞社か、電話を受けたのは自分だ、と不快な表情を浮かべた。

オーナーにお会いしたい。

「オーナーは入院している。しばらくは出てこない」

他の経営者でもいいのだが。

「他の役員はラスベガスに出張中だ。いつ帰ってくるか分からない」

玄関をノックする前、駐車スペースに乗用車が四台あるのを確認している。しかし留守だ

コンパセコ社の全景。右が倉庫、左が事務所の正面
［バーズタウンで。撮影✦著者］

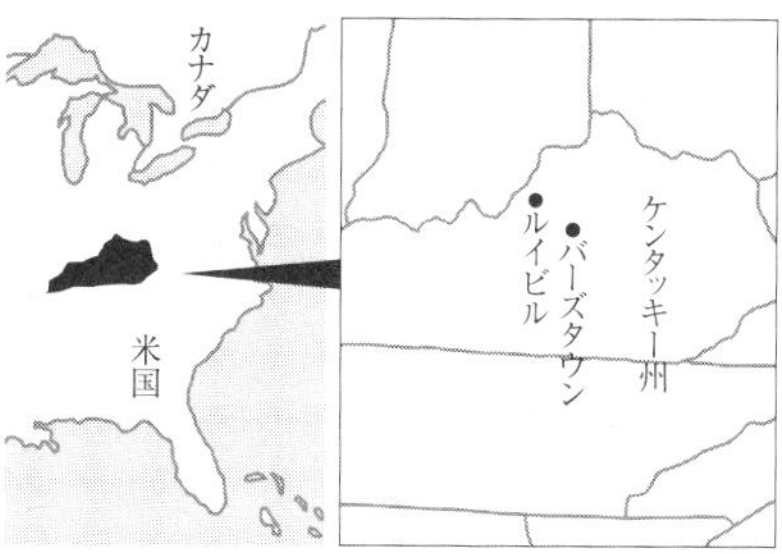

といわれるとどうしようもなかった。一日待ったところで彼らは姿を見せないだろう。

仕方がない。その従業員にノリンコＭＡＫのことを尋ねた。

「自分がここに勤めはじめたのは四年前だ。そんな古いことは分からない」

しばらく話をつないで時間を稼いだ。奥から若い女性が顔を出し、ちらりとこちらを見てすぐ引っ込んだ。五分ほどたった。引き揚げるしかなかった。

コロンビアのノリンコＭＡＫは、ほとんどこうした通販店を通じて流れていったのだろう。

トイレの天井から銃が落下

二〇〇五年一月、ケンタッキー州バーズタウンのライフル業者に取材を拒否されたあと、ワシントンＤＣに向かった。米国政府の銃器捜査当局に話を聞くためだ。

米・国土安全保障省の移民関税取締局〔ＩＣＥ〕。

コロンビアのゲリラから押収された中国製のカラシニコフ半自動小銃ノリンコＭＡＫに、輸入元として米国ケンタッキー州のライフル業者の刻印があった。しかしその業者は、私たちの取材を拒否した――。

その話に、ＩＣＥ捜査担当官のディーン・ボイドは強い関心を示した。私がコロンビアで手に入れた「コンパセコ」社の刻印写真に見入り、コピーしてもいいかと尋ねてきた。

「このケンタッキーの業者は、新聞の取材をいやがる理由が何かあったんだろうな」

国土安全保障省は二〇〇三年一月に新設された役所だ。二〇〇一年の九・一一同時多発テロを受け、税関や沿岸警備隊など、米国の国境管理にからむ二二の政府機関を集め、海外からのテロ活動への対策を一本化した。

ＩＣＥはその中で、国際的な武器・麻薬の違法取引の捜査を担当する部門だ。武器麻薬の国内捜査を担当する「財務省アルコール・たばこ・銃器取締局」［ＡＴＦ］と対をなし、緊密な協力関係にある。

担当官のボイドが関心を示したのは、最近、米国のライフル業者がからんだ半自動小銃の密輸出事件が相次いで摘発されているからだ。

銃は分解されて箱に詰められ、機械部品や家電製品を装って不法に積み出される。いったん中南米のパナマやベネズエラに向かうが、それは目くらましで単なる中継地にすぎない。最終目的地はコロンビアだ。そして銃の密輸代金の半分はコカインで支払われ、それが米国に入ってきているのである。

ボイド担当官は、こちらの写真をコピーするお礼だといって、ファイルから銃器密輸事件のいくつかをコピーしてくれた。

そのひとつは、マイアミで摘発された大がかりな密輸だった。

二〇〇四年六月一二日、マイアミ市内の雑貨業者から市警察に、「貸倉庫に大量の銃器が隠されている」と通報があった。

その雑貨業者が自分の貸倉庫に入ったところ、床が水浸しになって商品の段ボール箱が濡れているのに気づいた。水は隣の区画から流れこんできている。水をとめなければならないが、隣の区画の借り主がだれか分からない。他の区画にも流れ込んでおり、他の借り主たちも騒いでいる。みんなで相談し、カギを壊して隣に入った。

水はトイレから流れ出ている。トイレのドアを開けた。目に入ったのは、大きな箱と散乱する小銃だった。天井のボードが破れている。銃はそこから落ちてきたらしく、天井裏にはさらにたくさんの木箱が見えた。それでびっくりして警察に電話した——。

通報を受けたマイアミ市警察はICEとATFに連絡した。双方が駆けつけて調べたところ、隠されていたのは米国製アーマライトが二〇丁、ノリンコMAKが一九丁、ピストルが九丁あった。ほかにAK用の弾丸が二〇万六〇〇〇発、約三キロの爆発物もみつかった。

隣の区画の借り主がトイレの天井裏に大量の銃や弾薬を隠した。その重みで天井が抜け、一部が箱ごと落下した。その箱がはずみでトイレの配水管を壊し、水漏れが起きたのだった。

捜査当局が調べたところ、倉庫の借り主はラファエル・サンパーという米国人の電器商であることが分かった。これまでも銃の密輸にからんで何かとうわさの絶えない人物である。

その夜のうちに捜査本部がつくられた。ICE、ATFのほかにフロリダ南部地検が加わ

マイアミの貸倉庫のトイレの天井から落下した銃
［ICE提供］

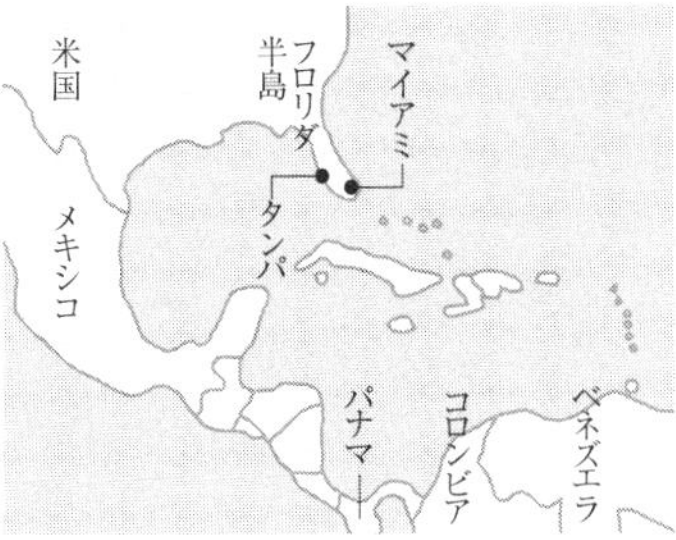

った合同チームだ。おとり捜査の許可が取られた。電器商サンパーの店に店員を装って捜査員を潜り込ませるためだ。

捜査本部はトイレの水漏れを止めただけで散乱した銃や箱はそのまま放置し、監視捜査態勢に入った。

船積み直前に一網打尽

おとり捜査員の報告が入った。それによると、電器商サンパーが借りている別の倉庫にも銃や弾薬が隠されているようだという。深夜、その倉庫の捜索が行われた。こちらからは一五〇丁の銃と五〇万発の弾丸が見つかる。隠されていた銃はこれで一九八丁に上った。

関係者も明らかになった。全部で七人だ。ベネズエラ人の貿易ブローカーが三人。米国人は主犯格の電器商サンパーとマイアミのライフル業者ら四人である。

ライフル業者はジョゼフ・ルイスといい、フロリダ南部では知らぬもののない最大手の銃砲店経営者だ。倉庫に隠されていた一九八丁の銃は、すべてルイスが調達したものだった。

水漏れ騒ぎから一〇日後の六月二二日、おとり捜査員から、グループの全員が貸倉庫に集まったとの連絡があった。彼らは銃を分解してビニールなどで包み、冷蔵庫や洗濯機の中に隠した。

翌二三日、倉庫裏に一二メートルの大型コンテナを積んだトラックがやって来た。電器店の店員らが呼び出され、銃が隠された電気製品を積み込む。行き先はベネズエラだ。

トラックはコンテナをマイアミ港の貨物埠頭に運んだ。船積み予定日は八月六日。合同捜

押収された密輸銃。木製グリップのノリンコが大半だった［ICE提供］

査チームは税関の協力を受け、コンテナから弾薬だけ抜き取った。証拠確保のためである。密輸グループは、船積みまでの時間でさらに多量の銃弾薬を集めにかかった。

船積み直前の八月四日、合同チームは一斉の強制捜査に踏み切った。関係者を武器の違法取引容疑で逮捕し、コンテナの中身を押収する。コンテナからはノリンコＭＡＫなど二二一丁の銃が出てきた。おとり捜査の段階より二〇丁以上増えていた。

電器商サンパーの自宅にも捜索が入った。ここからは、市販が禁止されている軍用のＭ16自動小銃やＡＫ47など一六八丁が見つかる。さらに、組み立てれば数十丁になるノリンコの部品、四万発の弾薬、迷彩服、背嚢《はいのう》、ヘルメットなどまであった。

調べによると、ライフル業者のルイスは二年前から銃の密輸にかかわりはじめ、これまで三〇回にわたって武器密輸グループに銃を卸していたことが分かった。ウェブサイトに出ている店の商品カタログの最後には、「このほか特別注文のご相談にも応じます」とあった。

二〇〇五年一月一三日、マイアミ地裁で開かれた裁判で、ルイスやサンパーら全員が罪を認めた。裁判が進むにつれ、銃密輸の手口が次々に明らかになった。

ベネズエラ人ブローカーたちは、コロンビアの対立する左右両派のゲリラに声をかけていた。左派ゲリラ「コロンビア革命軍」〔ＦＡＲＣ〕と右派の「コロンビア自警軍連合」〔ＡＵＣ〕。競争入札にして銃の価格をつり上げるためだった。

入札の予想価格はノリンコＭＡＫが一二〇〇ドルだったという。米国内の価格約三〇〇ドルの四倍だ。弾丸は一〇〇〇発が一〇〇〇ドル。市価では一〇〇ドルだから一〇倍である。今回の密輸計画が成功していたら、一三万ドル程度の投資が一〇〇万ドルになるはずだった。

ＩＣＥ担当官のボイドはいう。

「コロンビアがからんだケースでは、代金の半分が通常コカインで支払われる。それがさらにもうけを大きくする」

銃とコカインがからむ密輸――。コロンビア軍の対ゲリラ作戦部長だったピネイダ将軍が指摘したことは事実だった。

「タンパでＩＣＥはもうひとつの銃密輸事件を摘発している。銃とコカインがからんだ典型的な事件だ」

コカインでさらに利益上げる

トイレの水漏れで発覚したマイアミの銃密輸事件とほぼ同時期の二〇〇四年八月。フロリダ半島でマイアミの反対側にあたるタンパでは、コロンビア人ライフル業者のカルロス・ムリリョ〔五三〕が起訴された。二〇〇〇丁という、史上例のない大量の武器をコロンビアに密輸しようとした容疑だ。

捜査を担当したのはＩＣＥだ。押収された武器の中には曲射砲や機関銃まで含まれており、担当官のディーン・ボイドによると「一個旅団の軍隊がつくれるほど」だった。

事件の概要はこうだ。

ムリリョは二〇〇三年三月から二〇〇四年四月にかけてひんぱんにフロリダを訪れ、ライフル業者から銃や弾薬を買い付け、倉庫にストックしていた。内訳は以下の通りだ。

Ｍ60機関銃六〇丁。

曲射砲六〇丁。

Ｍ16自動小銃六〇〇丁。

ガリル自動小銃七〇〇丁。

ＡＫ47自動小銃五〇〇丁。

ベレッタ短銃一五〇丁。

手投げ弾四〇〇〇個……。

ＩＣＥは「違法な武器を買いあさっているコロンビア人がいる」という情報をつかみ、ムリリョの存在を突き止めた。しかし武器の量のあまりの多さに、密輸ネットワーク全体の摘発が必要だと判断する。ムリリョをすぐ逮捕せず、一年間泳がせて様子を見た。買い付けに応じたライフル業者もすべて洗い出し、密輸先も特定できた段階で強制捜査に踏み切る。ムリリョはタンパからベネズエラに出国する寸前に逮捕された。

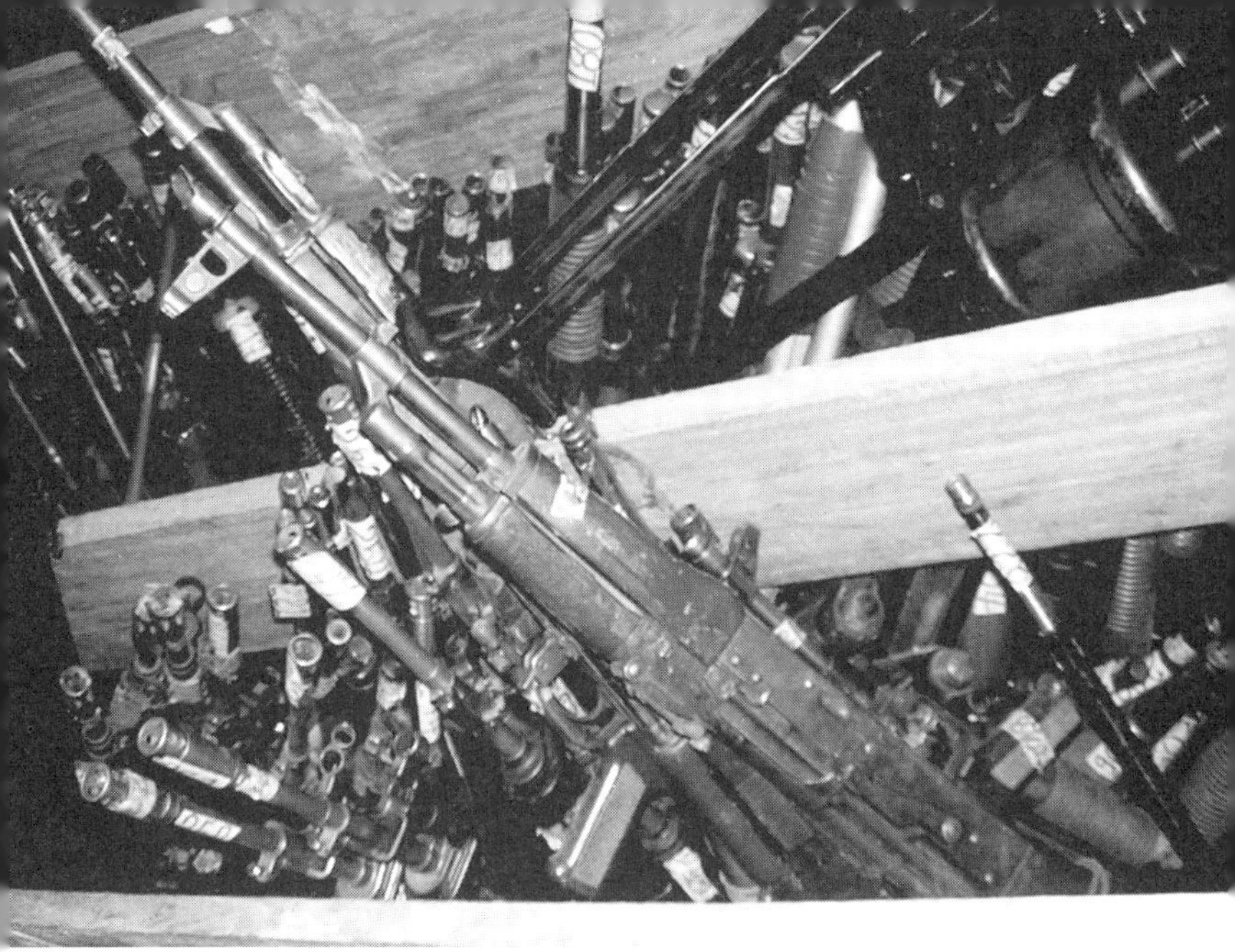

密輸された銃は町にも流れ出す。犯罪組織から押収されたＡＫ
［ボゴタの警察本部で。撮影◆著者］

米国では一九九四年の法改正で「自動または半自動の小銃」の販売は禁止されている。連射できなくても、弾倉の付いた単射連発式のライフル銃の売買は違法だ。ノリンコMAKもそれに該当する。銃を売った業者も全員が検挙された。

調べに対しムリリョは、コロンビアの左派ゲリラFARCに依頼されたと供述する。代金は総額で四〇〇万ドルにのぼり、個人の武器密輸としては前例のない規模であることが明らかになった。

武器はチャーター機で運ぶ手はずだった。飛行機が中継地ベネズエラのカラカスに着陸した時点で四〇〇万ドルが支払われる約束で、一五〇万ドルを現金、二五〇万ドル分をコカインで受け取ることになっていた。

コカインの代金は、通常「マイアミ相場」で支払われる。純度九九・九パーセントの精製コカインだと一グラムが五〇ドル前後だ。

「マイアミ相場」は八〇年代には一〇〇ドル以上したから、このところかなり値下がりしている。とはいうものの、コロンビア国内の生産者価格は一グラムが一〇ドル程度だから、マイアミに持ち込まれた段階で五倍になっている。

銃の代金のコカインは、マイアミで消費されるわけではない。北方のニューヨークやメンフィスに運ばれると、一グラム八〇ドルから一〇〇ドルにはね上がる。マイアミ相場で二五〇万ドル分のコカインは、うまく大都市に持ち込めれば倍の五〇〇万ドル近い金額になるわけだ。武器密輸は、コカインとからんでさらにうまみの大きいビジネスになるのである。

麻薬密輸と銃密輸の関係を明確に示した事件だった、と担当官のボイドはいった。

「一グラム五〇ドルとして、二五〇万ドル分のコカインは約五〇キロある。それだけの量のコカインを素人が個人でさばききれるものではない。裏にギャング組織があるのは明らかだった。それを摘発できなかったのが残念だ」

圧力? 失効した銃規制法

マイアミ事件の犯人逮捕から一カ月後の二〇〇四年九月一三日、米国で銃規制法が期限切れとなり、失効した。

ふつうこうした法律は、大統領が議会に期限延長の要請をして審議されることになる。審議されれば延長になることは確実だったにもかかわらず、ブッシュ大統領はその要請をしなかった。議会も、独自に延長のため動くことはなかった。一九九四年の法改正から一〇年間にわたり、半自動ライフル使用の凶悪犯罪防止に役立ってきた法律が消えた。

失効した銃規制法は「犯罪防止法」の一部で、銃による凶悪犯罪への処罰強化を目的とした条項だ。

軍用の自動小銃は、引き金を引いているだけで弾倉にあるだけの弾丸が自動的に発射される。いわゆるフルオートマチックだ。それに対して半自動〔セミオートマチック〕のライフルは、弾倉の弾丸は自動的に装填されるが、一発ずつ引き金を引かなければ発射できない。自動小銃は「連射」が可能だが、半自動ライフルは「連射」できない。「連発による速射」が可能なのである。

銃規制法で改正されたのは、自動小銃だけでなく、「速射が可能な半自動のライフル」を中心に、一九種類の銃の製造と販売を禁じる部分だった。

一九八四年、カリフォルニア州のマクドナルド店で半自動ライフル銃を使った乱射事件が起き、二一人の客が射殺された。

八九年にも同じカリフォルニア州で学校乱射事件が起き、半自動ライフルで児童五人が殺された。

こうした事件を受けて九三年にブレイディ法が成立した。

「ブレイディ」はレーガン元大統領の報道官の名前だ。ワシントンで八一年、当時大統領のレーガンがピストルで狙撃された。大統領も負傷したが、すぐ横にいたブレイディ報道官は頭を撃たれ、下半身不随となる。その報道官の名が付いた法律だ。購入者の犯罪歴調査のため、ピストル購入のさい品物を受け取るまで五日間の待機を義務づけている。

それに続き、九四年に成立したのが銃規制法だった。

カリフォルニア州の乱射事件で使われた銃がともに半自動のライフル銃だったため、連発による速射が可能で強力なアサルト・ライフル［突撃小銃］の製造・販売を禁止したのだ。

全米ライフル協会［NRA］は猛反対した。銃器メーカーやライフル業者が中心になってつくる圧力団体だ。

それに対し、全米の警察官組織が銃規制法の支持にまわった。

英紙フィナンシャル・タイムズの調査によると、米国では一九九八〜二〇〇一年の四年間に二一一件の警官殺し事件が起きたが、その二〇パーセントで半自動ライフルが使われていた。警官にとって、半自動ライフルの規制は命にかかわる問題だ。警察官組織が明確な姿勢を示したため、法は議会を通った。

その規制法制定から一〇年。半自動ライフルを使った犯罪は減った。最近の世論調査では、銃を所持している者を含む米国有権者の六八パーセントが、銃規制法の期限を延長すべきだと考えているとの結果が出ていた。

しかし九月一三日の期限切れを前に、ブッシュ大統領は動かなかった。新聞によると、NRAが猛烈なロビー活動をしたためだという。

一一月の大統領選は、共和党現職のブッシュ大統領と民主党のケリー候補の間で激戦になる見通しだった。ブッシュ大統領は、再選のためにNRAの支持が必要だと考えたのだろう。

ライフル業者はふたたび、半自動のライフル銃を自由に売っていいことになった。九月一四日、全米の銃砲店のショーウィンドーには、待っていたかのようにずらりと半自動ライフルが並べられた。

政府のチェック能力は五パーセント

ジョンズ・ホプキンス大学の共同安全保障プログラム部長、ロレッタ・ボンディは、武器拡散を監視するNGO「平和のための基金」代表もつとめていた。銃規制法の失効は象徴的な意味を持つと考えている。

「米国ではこの一〇年、半自動ライフルの売買はできなかったし、それまでに製造・購入した分でも外に持ち出すことはできなかった。それが今は、町を持ち歩くこともできるし、公然と売り買いもできる。規制が非常にむずかしくなった。それが意味することはひとつ。取り締まり側の敗北であり、NRAが勝利した、ということです」

二〇〇四年七月の司法省の調査によると、全米一〇万四〇〇〇のライフル業者のうち、売買が合法かどうかの立ち入り検査を受けた業者は四・五パーセントしかない。

「つまり、あとの九五・五パーセントの業者については法律を守っているかどうか分からないということなのです。政府に十分な立ち入り検査の能力がないためです」

米国務省は一九九〇年、武器輸出管理法に基づいて「青いランタン計画」というプロジェクトを発足させた。武器が「最終使用者証明書」に書かれている通りの相手に売られたかどうかをチェックするための計画だ。スタッフは、経験豊かな軍人や捜査官など七三人からなる。二〇〇三年、「青いランタン計画」は四一三件の武器輸出を検査した。その結果、一八・四

米ピッツバーグで二〇〇四年四月に開かれたNRA大会の最終日。ライフルのスコープをのぞく人たち［AP／WWP］

パーセントにあたる七六件が「好ましくない」取引だった。内訳は武器・弾薬が四九パーセント、航空部品二四パーセント、電子・通信機器一七パーセントなどだ。「好ましくない」武器・弾薬輸出のほとんどは南米向けだったという。

ボンディはいう。

「武器業者の二割近くが合法的とはいえない武器取引にかかわっており、銃器業者に限れば半数が違法行為にかかわっているということです。そして政府は、業者の五パーセントていどしかチェックすることができないでいる。あとはやり放題なのです」

NRAの本部ビルは一九九七年、ワシントンDCから隣のバージニア州に移った。ワシントン都心から高速道路で三〇分のフェアファックスだ。青いガラス張りの巨大なビルは、フェアファックス出口のはるか手前からも見えた。

建物はふたつに分かれている。一方は火器博物館。西部開拓時代からの二〇〇〇丁を超える銃が展示されている。係員によると、ほかにほぼ同数が倉庫に保管されているという。

その隣が六階建ての事務棟だ。広がる森林を見渡す部屋で、広報課長のアンドリュー・アルラナンダムと会った。マレーシア出身の米国人だ。

アルラナンダムによると、NRAはまったく順法的な組織であり、司法省などから要請があれば積極的に捜査活動に協力しているという。銃規制法が失効したことに関しては「喜ばしいことだ」と率直だった。

「四〇〇万人会員のうち、業界関係者はほんのわずかだ。半数以上が自衛のために銃を必要としている市民であり、その意味で規制がなくなったことはいいことだと思う」

しかし多くの銃が業者によって違法に輸出されている。その事実をどう思うか。

「法を破る業者がいるおかげで、われわれの信用が落ちる。そういう業者は対価を支払って当然だと考える」

業者は、ノリンコMAKのような程度の悪いライフルをなぜ輸入するのか。初めからゲリラに渡すつもりなのではないか。

「そういうことは個々の業者に聞いてほしい。それにノリンコMAKはいま、別な法律で輸入禁止になっている」

ブッシュ大統領もNRAも、米国の業者の扱う銃が南米に密輸され、代金がコカインで支払われていることを知っているのだろうか。その銃がコロンビアの社会を壊し、コカインが米国の若者をむしばんでいるというのに。

ICEの担当官ディーン・ボイドはつぶやいた。

「規制法が失効した影響は大きい。また密輸が増えるだろうな」

中国最大の兵器工場「北方工業公司」

南米コロンビアと米国を結ぶ「銃・麻薬」密輸ルートで、つねに浮かんできたのが中国製の半自動カラシニコフ銃ノリンコMAKだった。

製造しているのは中国最大の兵器会社「北方工業公司」だ。そのことはコロンビア内務省の国際警察担当室で説明を聞いて分かった。ノース・インダストリーズ・コーポレーション、略してNORINCOである。

それは一体どんな企業なのだろう。

「ノリンコ」は一九八〇年に創立された。以前から中国各地にあった人民解放軍の兵器工廠を統合したものである。北京に近代的な高層ビルの本社があるが、本拠地は遼寧省の瀋陽、昔の満州・奉天だ。「ノース」〔北方〕は奉天が中国北部にあたるところからついた名前である。

戦前の中国は地方軍閥が幅をきかせており、それぞれに自前の兵器工場を持っていた。奉天の工場はもともと北方軍閥の張作霖のものだった。日中戦争で日本軍はほとんどの兵器工場を破壊したが、奉天の工業については優遇し、旧満州国最大の工業都市にするべく開発に力を注いだ。そのため兵器工場も破壊されず、さらに拡充・近代化された。

第二次大戦が終わると工場は蔣介石の国民党のものになる。米軍の支援を受け、毛沢東の八路軍と戦うための武器を生産した。社会主義時代になると、ソ連もこの地域の工業化を支援し、一帯は大工業地帯になる。その中で瀋陽の工場は人民解放軍のための最大の兵器工廠となった。

それが八〇年、民営化されて「ノリンコ」となったのだ。しかし人民解放軍に所属する最大の兵器工廠である実態に変わりはない。

「ノリンコ」になってからのもっとも大きな変化は、輸出に力を入れはじめたことだ。同社のカタログには「世界七〇カ国の三〇〇〇社と取引がある」とうたわれている。海外との取引に便利なように、八つの支社はすべて上海や大連、天津、深圳などの港湾都市にある。工場は全国各地に散らばり、八二カ所に海外支店を持つ。多くはその国の中国大使館内に事務所がある。創立からの二五年間で稼いだ外貨は二五〇億ドルに上る。中国きっての大企業であり、外貨獲得の大きな柱なのである。

従業員は二〇〇万人といわれる。ただしそれは二三の子会社を含んだ総数のようだ。本体だけだと八〇万人前後らしい。それにしてもすごい数である。

もともと兵器工廠だから、戦車やミサイル、大砲、銃などの兵器製造が主体だ。しかし同社のカタログを見ると、扱う製品は民生用もふくめて七分野二〇〇〇種類に及ぶ。乗用車やトラック、消防車などの車両は、軍用車からの技術転用だろう。電子顕微鏡や赤外線装置などの光学製品は、銃のスコープやレーダーの技術と見られる。冷蔵庫や洗濯機などの家電製品のほか化学薬品、建設機械まである。精油施設や火力発電所といった大型システムも手がけている。

日本との関係ではアルミサッシが大口だが、バイクやレンズなどをつくる日本の大手企業との技術提携も進んでおり、東京には支店がある。

ノリンコMAKは、その膨大な製品の中で「民間用銃器」という分野だった。散弾銃や空気銃などと同じ分野で、競技用スポーツライフルというたてまえだ。

最初につくられたのは八〇年代初期だ。そのころのスタイルは軍用カラシニコフ自動小銃のままで、レバーの連射ポジションをなくしてあるだけだった。一発ずつ引き金を引いて撃つセミオートマチックのタイプである。それを「ノリンコAKS」〔カラシニコフ・スポーツ〕として売り出した。

売り込み先は初めから米国だったと見られる。半自動小銃を民間人が所持できる国は世界でそう多くはない。その中で、人口が多くて購買力があり、銃所持許可がかんたんに取れるのは米国だった。

ソ連のアフガニスタン侵攻の直後で、東西対立はまだ激しかった。映画『ランボー』の時代だ。米国人も、「敵方」の銃であるAKを珍しがり、売れ行きは上々だった。

しかし八〇年代末になると米政府は半自動ライフルに対する規制強化に乗り出す。ピストル型グリップの禁止などの具体的な条件がつくようになった。

北方工業公司はそれに対抗して九〇年、グリップを木製銃床と一体化させた競技用タイプ、いわゆる「サムストック銃床」を開発する。それを「ノリンコＭＡＫ90スポーター」として売り出した。

北方工業公司の戦車製造ライン
［同社発行のカタログから］

同社はノリンコＭＡＫの販売実績を公表していない。兵器研究家の床井雅美は、年間一万丁以上が米国に輸出されていたはずだと推測する。

「ＭＡＫとその前のＡＫＳを合わせると、九四年までに総計一〇万丁前後が米国に流れこんだのではないか」

しかし九四年、ノリンコにとっては厳しい情勢となる。米国で半自動ライフルを使った大量殺人事件が多発し、クリントン政権の九四年八月、銃規制法が成立したのだ。「強力で速射が可能」な半自動ライフルは、米国内での製造と販売が禁じられる。ノリンコＭＡＫもそれに含まれていた。

ノリンコＭＡＫがコロンビアに密輸されるようになったのはそれからだった。

「北方工業公司」、企業ぐるみでＡＫを密輸

ＩＣＥのディーン・ボイド担当官によると、米国のライフル業者は北方工業公司に対し、半自動ライフル銃ノリンコＭＡＫの値引きを求めた。

北方工業公司の商品カタログに銃の価格は示されていない。しかしロシア製の純正カラシニコフ自動小銃が工場渡し価格で約一二〇ドル、販売定価は約三〇〇ドルだ。ノリンコＭＡ

Kも正価は三〇〇ドル前後だろうと見られる。それが二〇〇ドルまで値切られた。

コストを下げるため、北方工業公司側はかなり「手抜き」をしたらしい。ふつうのカラシニコフ銃の場合、操作の際に指を切らないよう、弾倉などの鋼板の縁は二回折り返してある。それを一回だけにしてしまう、などだ。それによって鋼板の量を減らすと同時に手間を省くことができる。そのためノリンコMAKは仕上げが雑で、手にしたときのがたつき感が強い。

そうした「安かろう」主義のノリンコMAKがどっと米国に流れこんだ。ところが一九九四年、銃規制法が制定されて半自動ライフルの販売ができなくなる。米国のライフル業者は大量の在庫を抱えることになった。

米バージニア州にある民間調査機関「小型火器調査研究所」のバージニア・エゼル代表は、あくまで推測だと断った上でこう語った。

「ライフル業者は多くが通信販売です。売れる見通しのない在庫を抱えこむのは企業実績に響く。国内で売ることができない在庫を処分するには、国外に持ち出すしかない。密輸です。かなり安直ですが、もっともあり得る発想です」

二〇〇四年八月にトイレの水漏れから発覚したマイアミの銃密輸事件では、地域最大手の銃砲店経営者までがその安直な発想に飛びついた。倉庫でほこりをかぶっている銃を売ってしまいたいライフル業者と、一〇〇〇ドル払っても銃がほしいコロンビア・ゲリラ。その利害が一致したのである。

北方工業公司にとっても銃規制法は痛かったはずだ。ノリンコMAKは米国以外に市場を持たない。同社も大量の在庫を抱える羽目になった。

ICEのボイド担当官が、古い広報文書を引っ張り出してきた。ICEに統合される前の関税局の文書で、表紙に「一九九六年　オペレーション・ドラゴンファイア〔竜の炎作戦〕」と印刷されている。

――サンフランシスコの関税当局は九四年一二月、中国から大量のノリンコMAKが密輸入されるという情報をつかんだ。ATFと合同しておとり捜査を開始した。

九五年末には計画の全貌をつかむことができた。驚いたことに、北方工業公司が企業ぐるみでかかわった密輸計画だった。

同社の経営トップ陣が、関連企業の中国ポリテクノロジーズ社と共謀。二〇〇〇丁のノリンコMAKを米国に密輸しようとしていたのである。米国史上最大級の武器密輸事件だ。ポリテクノロジーズ社の当時の社長は鄧小平の娘婿の賀平だった。

密輸先はサンフランシスコで、荷受け人は中華街のレストラン経営者になっていた。彼は北方工業公司の米国代表をつとめており、カリフォルニアのギャング団に売りさばく手順ができていた。

九六年一月、「釣りざお用ラック」に偽装された二〇〇〇丁のノリンコMAKが、上海で両社の事務手続きを通じて船積みされた。船は香港、東京を経てサンフランシスコに向かう。

その途中の三月、西海岸のオークランドに寄港したところで、当局はコンテナからこっそり銃を押収した。

銃を調べた合同捜査チームは驚く。銃にノリンコの刻印はなく、北朝鮮のマークが刻まれていた。製造番号はなく、レバーはすべて全自動に戻してあった。北方工業公司が、初めからそういう銃をつくっていたのだ。

北京中心部にある北方工業公司の社屋。新しいロゴが輝く

北方工業公司からの回答なし

積み荷のノリンコＭＡＫを捜査当局に抜き取られたコンテナは、空のまま目的地のサンフランシスコに向かった。

五月、二〇〇〇丁の銃の引き渡しのため、北方工業公司の幹部が中国からサンフランシスコ入りする。その中には販売担当副社長もいた。それを待っていた関税当局とＡＴＦは、一斉捜査に踏み切った。

逮捕状は一四通出ていた。一四人のうち六人が中国側幹部で、八人は中国系米国人だ。しかし直前に情報がもれ、北方工業公司の副社長を含む七人は逃走した。

逮捕された大物は、サンフランシスコ郊外で中華レストランを経営するリチャード・チェン［六五］。北方工業公司の米国代表をつとめる人物で、同社製の銃器販売店も一軒経営していた。ほかに、サンノゼで中華料理店を経営し、地域中国人社会の有力者であるハモンド・クー［四九］。彼はロサンゼルスのギャングとの仲介役をつとめ、まとめた注文をチェンに伝えていた。

ＩＣＥの担当官ボイドによると、北方工業公司は、規模は小さいものの以前からひんぱん

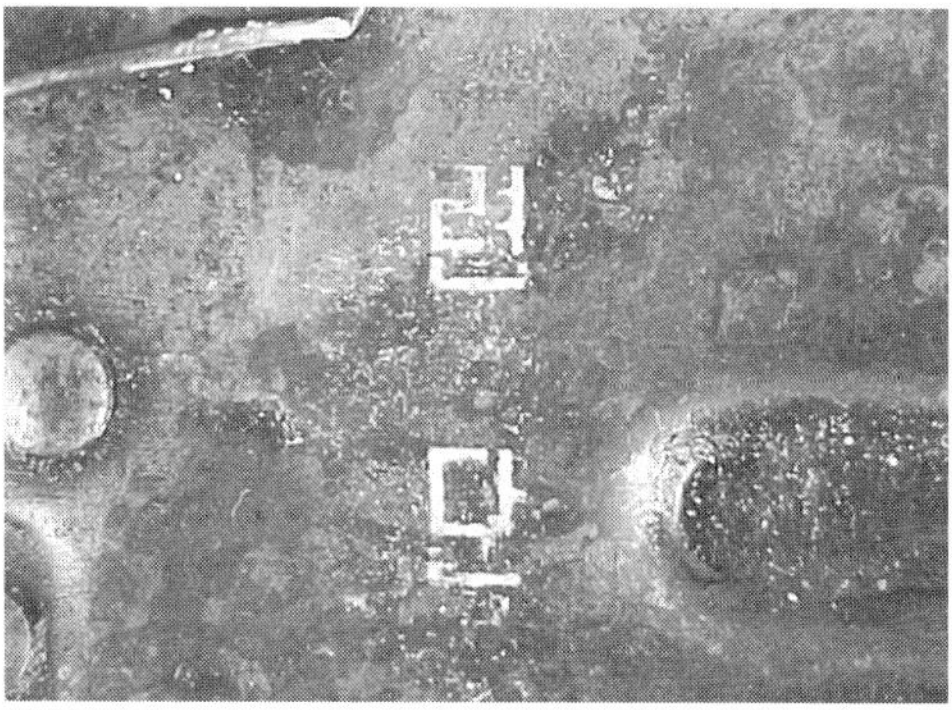

全自動に改造されたノリンコMAK。
グリップを付け替え、三〇発の弾倉を付けてある［上］
北朝鮮製AKの操作レバーの文字。上が「連発」、下が「単発」の略［中］
北朝鮮製のAKの左側面。「68年産」とある［下］
［いずれもコロンビア内務省提供］

に同様の密輸を続けていたという。

米国政府は、この事件の経緯を説明するよう中国政府に求めた。しかし中国側は、外務省広報官が「現在調査中である」とくり返すだけで、結局それ以上の進展はなかった。日本の外交関係者によると、じっさいに中国政府は何も知らなかった可能性が大きいという。すべては北方工業公司が勝手に計画した事件だという見方だ。

北方工業公司は企業化されたとはいえ、今も軍の強い影響下にある。軍は政府の意向と関係なく、独自の論理で行動することが多いのだとその外交関係者はいう。

「軍人が経営する北方工業公司には、政府もおいそれとは手が出せないというのが実態ではないか」

米国務省は二〇〇三年五月、北方工業公司のすべての製品の米国への輸入を禁止することを決めた。同社がイランにミサイル技術を売っていたことに対する制裁措置だ。九四年に制定された米国の銃規制法は二〇〇四年九月に失効したが、ノリンコMAKライフルはこの制裁措置にひっかかり、いまも米国に売ることができないでいる。

ノリンコMAKの製造や輸出について、北方工業公司から直接に話が聞きたかった。二〇〇四年一一月、在京中国大使館のプレス担当官宛で、北方工業公司の広報担当者と面会を求める申請書を送った。しかし二〇〇六年四月現在、何の回答もない。

同社は英語と中国語のホームページを持っている。二〇〇五年一月、英文で取材申請のメールを送った。それにも返事は来ていない。
中国最大の軍需産業は、謎めいた存在だった。

第3章

流動するAK

パナマ湾、密輸犯と銃撃戦

パナマは運河でもっているといっても過言ではない。約三〇〇万人の人口の半分がパナマ運河沿いに集中する。

パナマ運河は、北米大陸と南米大陸を結ぶ地峡のもっとも狭い部分、約八〇キロを掘り抜き、一九一四年に完成した。

エジプトのスエズ運河〔一六二キロ〕は、地中海と紅海を平面で結ぶ。川をイメージすればいい。パナマがそれと違うのは、運河が山越えしていることだ。いちばん高い地点はガトゥン湖で、海面から二六メートルも上にある。

船をその高さまで上げるため、閘門《こうもん》式というシステムをとっている。水門を閉めて水を注ぎ込み、船を浮き上がらせて次の水門を開ける、というやり方だ。水門は太平洋側にミラフローレス閘門〔二門〕、ペデロミゲル閘門〔一門〕の二カ所、大西洋側にガトゥン閘門〔三門〕がある。

水門に注ぎ込む水は頂上のガトゥン湖の淡水だ。しかし一隻の船を通すために約二億トンの水が使われるため、とても湖の水だけでは足りない。湖を見下ろす山の上にダムをつくってつねに水を補給している。

首都パナマ市は太平洋側にある。首都圏の人口は国全体の三分の一、約一〇〇万人。運河収入への経済依存度を減らすため、政府は漁業振興を考えている。それに賛同した日本政府が、ODA援助で主港のサンフェリペ港の魚市場をつくりなおした。後ろに桟橋が連なり、新しい市場はけっこうにぎわっている。

その桟橋を二〇〇四年九月二八日午前五時ごろ、船外機つきの木造ボートがひっそりと離れた。あたりはまだ薄暗い。ボートには三人の若い男が乗っており、船底には青いビニールシートに包まれた荷物が積まれていた。

ボートは港内を低速で八〇〇メートルほど進み、港の出口にかかった。そのときいっせいに三方向から強力なサーチライトを浴びた。銃密輸の情報を入手したパナマ警察の警備艇が待ちかまえていたのだ。

ライトに照らされながら、ボートは高速で逃げはじめる。若者の一人が警備艇のライトに向けて銃を発射し、銃撃戦になった。すぐ近くの岸の上は大統領官邸だ。パナマ警察捜査官は「弾がそっちに飛んでいくので気が気でなかった」という。

エンジンを撃たれてボートは動けなくなった。ボートからの銃撃がやみ、男たちが手を上げている。警備艇が近寄ると、一人の男が船底の青いビニール包み十数個を次々に海に投げ捨てた。

夜明けを待って警察のダイバー二人が潜り、包みを探した。

サンフェリペ港は遠浅で有名だ。潮が引くと海は五〇〇メートル以上も沖に下がり、港内は泥沼と化す。捜索中に潮はどんどん引き、ダイバーは泥に潜る羽目になった。

包みの中には、銃床を外して短くした東独製ＡＫＭが三二丁、狙撃銃のドラゴノフ一丁、散弾銃一丁、迫撃砲が一丁、ＡＫ用の弾丸二〇〇〇発、迫撃砲弾一六発があった。

男たちはパナマ人二人とコロンビア人一人で、麻薬密輸の常習犯だった。供述によるとコロンビアの左派ゲリラ「コロンビア革命軍」〔ＦＡＲＣ〕にこれらの武器を四万ドルで売り、その代金をコカインで受け取ることになっていた。

ボートには一六五リットルの混合油が積まれていた。船外機の燃料で、コロンビア海岸まで往復してもあまるほどの量だった。

サンフェリペ港からコロンビアのもっとも近い海岸まで、約二五〇キロだ。パナマ湾を突っ切るかたちで、太平洋の外海に出なくてもすむ。捜査官によると、時速三〇キロで走っても片道八時間もあれば十分だという。

「朝五時に出れば、その日の夜には戻ることができる。相手と海上で接触できれば、時間と燃料はもっと節約できる」

海上での接触に、最近ではもっぱら携帯電話が使われているとのことだった。

事件の端緒は一カ月前だった。

深夜、パナマ湾内を無灯火で航行する不審船を海上警察のパトロール艇が見つけ、停止させて臨検した。船からは四〇キロのコカインが見つかり、乗組員全員が逮捕される。彼らの供述から、銃の受け渡しの情報が入ったのだという。

押収されたＡＫはいずれも製造年が古く、ニカラグア軍が東独から自動小銃を購入してい

サンフェリペ港の泥の中で、投棄された密輸武器を探す警察ダイバー
［パナマ警察のビデオから］

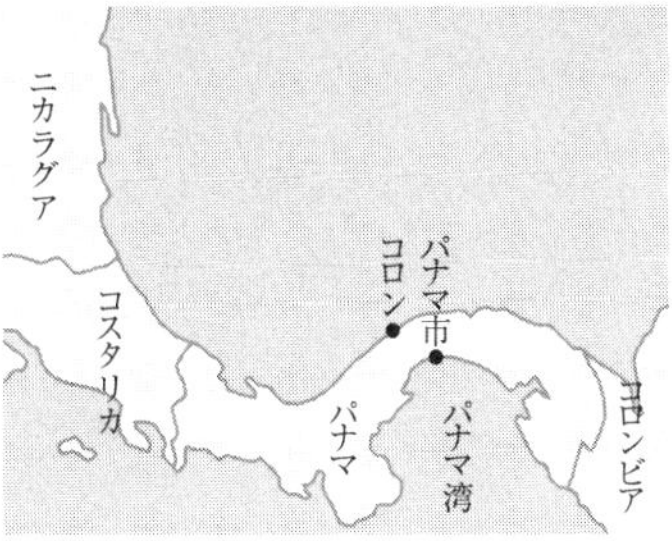

た時代のものと見られている。それがパナマに運び込まれ、隠匿されていたらしい。

二〇〇三年の一年間で、パナマでは不法取引の自動小銃三九三丁、弾丸一〇〇万発が押収された。いずれも麻薬密輸の業者が所持していたものだという。そのすべてが、パナマを中継地にしてコロンビアに運ばれる途中だった。

フリーパス同然でコロンビアへ

パナマのサンフェリペ港で泥の中から引き揚げられたカラシニコフ銃は、年式の古い東独製のAKMだった。

捜査官は「パナマで見つかるカラシニコフ銃が東独製だったら、それはニカラグアから持ち込まれたものとみて間違いない」といった。

ニカラグアとパナマの間にはコスタリカがはさまるが、カリブ海を直線で結ぶと約二〇〇キロしかない。

ニカラグアでは、一九三六年にクーデターで権力を握ったソモサ一族が四三年間にわたって独裁体制を敷いた。一九七九年、サンディニスタ民族解放戦線がソモサ体制を打倒し、左派政権をつくる。

それに対し、米国の支援を受けて右派反政府武装勢力〔コントラ〕が結成され、内戦になる。一九九〇年に内戦が終結してチャモロ政権が成立するまで、五万人以上が死んだ。

サンディニスタ時代、政府は兵器を東独から購入した。だが管理はずさんで、銃器のリストなどなかった。軍の倉庫からはAKがひんぱんに持ち出され、国外に流れ出す。とくに内戦時代はひどかった。持ち出された銃は、一丁七〇〇ドルから一〇〇〇ドルという高値でコロンビア・ゲリラに売られた。

銃密輸の中継地としてパナマは重要な役割をになう。ニカラグアからパナマまではカリブ海を二〇〇キロ。パナマからコロンビアまでの二五〇キロは穏やかなパナマ湾を横切るだけだ。小舟でも往来は可能で、パナマ警察によると摘発されるのは一割にも満たないという。

そして陸路がある。パナマとコロンビアの国境地帯はうっそうとしたジャングルで、全国境を監視するのは不可能だ。麻薬の密売人が一人二、三丁のカラシニコフをかついで運ぶ。オルミガ〔アリ〕と呼ばれる小規模密輸で、小規模すぎて情報も入らず、規制のしようがない。

パナマは同時に大規模な密輸の中継地でもある。その場合はパナマ運河の大西洋岸出口の経済特区コロンが舞台となる。税関審査がない治外法権エリアで、年間取扱高が一〇〇億ドルを超す。

パナマでは一九八一年以来、ノリエガ国防軍司令官が黒幕として政府の実権を握った。ノリエガはコロンビアのコカインを米国に中継密輸することで巨額の利益を懐にしていた。

八九年一二月、米軍がノリエガ逮捕のためにパナマに侵攻する。国防軍は崩壊し、全土が無政府状態になった。あちこちで略奪が始まる。パナマ警察によると、年末の一週間で八億ドルが略奪されたという。同国の輸出総額とほぼ同額だった。

パナマ市中心街のスペイン通りでは、貧困層の住民が商店のショーウィンドーを割り、略奪をはじめた。やがて中流階層の人々もおずおずと加わる。顔を隠し、シーツで略奪品をくるんで運ぶ。サンタクロースの行列のようだったと、目撃した人々はいう。ちょうどクリスマスの時期だった。

中流階級はしだいに大胆になり、自家用車を使って略奪するようになる。それがやがてトラックとなり、最後にはスクールバスまで登場したという。

卸売店や倉庫が立ちならぶコロンも、略奪の危機にさらされた。

コロンの業者たちが途方に暮れていたとき、貿易業者の一人が「自分のコンテナを開けてくれ」と申し出た。「機械部品」と書かれたコロンビア向けのコンテナを開けると、新品のAK47がびっしり入っていた。それを手に業者たちが自警団を結成し、二四時間態勢で警備した。そのため略奪の被害は最小限で食いとめられた——。在留邦人の一人が目にした話である。

中国はライセンスが切れているにもかかわらずAKの製造を続けている。勝手にスポーツ用につくりかえたノリンコMAKを米国に売った。米国ではそのノリンコMAKを密輸出しているライフル業者がいた。そして今度はニカラグアである。

サンフェリペ港の泥の中から引き揚げられた密輸ＡＫ
［パナマ警察のビデオから］

そうした不法な銃の流れの中心にあるのがコロンビアの存在だ。正価でも三〇〇ドル前後の銃を一〇〇〇ドル、一二〇〇ドルの高値で買い、その代金をコカインで支払う。中南米の地域を流動する不法な銃を、ブラックホールのように吸い寄せていた。

ペルー大統領側近が密輸首謀

コロンビアの南隣のペルーもゲリラ問題を抱え、銃の流入に悩まされている国のひとつだ。二〇〇〇年八月二一日、政府が緊急の記者会見を開いた。「大規模な武器密輸ルートを摘発」という内容で、当時のフジモリ大統領自身が会見するという力の入れようだった。

会見場には押収した銃の写真が掲げられていた。AK47の改良型AKMだ。密輸に関与したとされる武器業者の写真もある。会見には、大統領側近のブラディミロ・モンテシノス国家情報部顧問［五八］や軍のトップクラスが同席した。

「ヨルダンの武器業者がコロンビアの左派ゲリラFARCと組み、大量の東独製カラシニコフ自動小銃をパラシュートでコロンビアに投下。それをペルーのゲリラに渡していた」――

パラシュートまで使った大規模武器密輸の摘発で、フジモリ大統領は得意満面だった。発表資料には、押収されたAK銃の製造番号も記載されていた。

ところが会見が報道されると、当の武器業者とヨルダン政府が抗議してきた。

「フジモリ大統領の発表は事実と違う。そのＡＫはペルー国軍との正式な契約にもとづいて売り渡したものだ」

事件はとんでもない方向に発展した。

武器業者はサルキス・ソガナリアンという人物だった。

トルコ生まれのアルメニア人で、中東が舞台の武器売買にはつねに名前が出てくる大物ディーラーだ。世界の武器商人のトップスリーの一人で、武器ディーラーを描いた米国映画『ロード・オブ・ウォー』〔ニコラス・ケイジ主演、アンドリュー・ニコル監督〕のモデルとされる人物である。

一九七〇年代のレバノン内戦のころからビジネスを拡大した。イラン・イラク戦争で、イランとイラクの双方に武器を売ったことで一気に有名になる。湾岸戦争の九一年には、イラクに武装ヘリとロケット・ランチャーを密輸して米国の裁判所で有罪判決を受ける。九九年には国連制裁下のイラクに武器を密輸して再び逮捕される。しかしそのたびに収監をまぬかれてきた。彼に利用価値があると見た米中央情報局〔ＣＩＡ〕の工作のおかげだといわれる。

フジモリ大統領の記者会見についてのサルキスの言い分はこうだった。

「ペルー国軍の注文で、東独製の型遅れ新品ＡＫを五万丁売り渡す契約だった。最終使用者証明にはペルー国軍のサインがあった。売った銃がペルーのリマに向かう貨物機に積み込まれるのは確認した。しかし一万二五〇〇丁を渡したところで代金が支払われなくなったため、以後の引き渡しを停止した。パラシュートのことなど自分は知らない」

東独の崩壊で、東独政府が持っていたAKの在庫が、二束三文でヨルダン軍に売られた。ヨルダン軍からその転売を委託されたのがサルキスだった。「東独製新品カラシニコフ銃の在庫あり」の情報を業界に流したところ、ペルー国軍が公式に購入を打診してきたのだという。

ペルー政府はこの抗議を無視した。しかし地元紙ラレプブリカが動く。調査報道チームのアンヘル・パエス記者〔四二〕はいう。

「サルキスほどの大物武器ディーラーがわざわざ抗議している。これは何かあると感じた」

パエス記者はサルキスと接触して契約書の写しを入手する。それから全容が明らかになった。首謀者はなんと、会見に同席していたフジモリ大統領の側近中の側近、モンテシノス国家情報部顧問その人だったのである。

パエス記者の調査によると、一回目の契約は九八年だった。手に入れた契約書の写しを見せてもらった。

「最終使用者」はペルー国軍で、契約書の買い受け人の欄には現役の国軍大尉がサインしている。「ペルー国軍大尉ホセ・ルイス・アイバル・ガンチョ」と読みとれた。売り渡し人の欄には「ヨルダン軍調達部長、准将アブデルラザク・アブドラー」とある。

契約内容は英語で書かれている。五万丁のAKは二五〇〇丁ずつ二〇回で引き渡す。一回目は一丁五五ドルで、一三万七五〇〇ドルを小切手で前払いする。二回目以降は一丁七五ドルでそれも前払いにする、という内容である。総額で四〇〇万ドルに近い大きな取引だ。

最初の二五〇〇丁は九八年一二月二三日、アンマンでウクライナ籍のイリューシン76ジェット貨物機に積み込まれた。同機がアンマンの空港当局に出した飛行計画書には「コーヒー積み込みのためペルーのリマ空港に向かう」と書かれていた。

二〇〇〇年八月二一日の記者会見。
右端がフジモリ大統領、左端がモンテシノス［AP／WWP］

同機はアンマンを飛び立つと大西洋に向かい、カナリア諸島に寄って給油した。そこからギアナ、イキトスと寄港しながらコロンビアの太平洋側に達する。コロンビアのジャングル上空で、機はＦＡＲＣゲリラと無線交信し、パラシュートがついたＡＫの木箱を投下した。

パラシュートで一万丁を投下

ラレプブリカ紙のパエス記者によると、一九九八年一二月に行われたカラシニコフ銃の第一回パラシュート投下は大失敗だった。

隣国コロンビアのジャングル上空で投下された二五〇〇丁のＡＫは、風に流されて太平洋に落ちてしまったのである。飛行機のチャーター会社とかなり激しい非難の応酬があったが、不法な銃の取引をしている点を突かれ、モンテシノス側が引き下がらざるを得なかったようだ。

しかし翌九九年三月一七日の二回目は成功する。続いて同六月五日、七月二一日、八月三日の四回、計一万丁が投下され、コロンビアの左派ゲリラＦＡＲＣの手に渡った。

ＡＫの代金は一回目だけが一丁五五五ドルで、二回目以降は七五ドルとなった。二五〇〇丁で一八万七五〇〇ドルである。すべて前払いだったため、失敗した一回目もふくめ、総計八八万七五〇〇ドルのペルーの国費がサルキスに支払われた。

その金額は、ペルーの国家情報部から機密費として支出されていた。支出承認のサインは、フジモリ大統領の側近で国家情報部顧問のモンテシノスの名前だった。

ＦＡＲＣの手に渡ったそのＡＫの一部が、たまたまコロンビアからペルーに流れこんだ。それがペルー警察に摘発される。ペルー警察は国際警察に製造番号を照会した。その結果、このＡＫはヨルダン軍が所有していたもので、サルキスが売買を請け負っていたものだと分かる。

一方でＣＩＡもこの事実をつかみ、九九年八月七日、ペルー政府に「ヨルダンからペルーに大量のＡＫが売られている」と通報する。

モンテシノスは、警察とＣＩＡの双方からの通報の処理に窮する。黙って何もしないでいるわけにはいかない。国家情報部の幹部と謀り、サルキスを悪者に仕立て上げてほっかむりする作戦をとることにした。そこで「大規模な武器密輸事件を摘発」とフジモリ大統領に記者会見させた——。それが、パエス記者が裏付けをとった事件の筋書きだ。フジモリ大統領は何も知らなかったとパエス記者は見ている。

モンテシノスは真実を大統領にも告げず、自分の犯罪をごまかすウソの記者会見に堂々と同席していたわけだ。自分のところまでたどり着くはずがないとタカをくくっていたのだろうか。あるいは、ばれても自分の権力を使って押さえ込めると思っていたのだろうか。いずれにしろサルキスは、濡れ衣を着せるディーラーとしては大物すぎたようだ。

コロンビアに出張して事件の裏をとったパエス記者の取材チームは、「国家情報部主謀の武器密輸」の特ダネ記事を次々と打ち出した。

モンテシノスは「私をおとしいれるための謀略が行われている」と述べ、自分の関与を否定する。ラレプブリカ紙の調査報道に対しては「謀略に加担した報道には制裁が加えられるだろう」と露骨に圧力をかけた。

二〇〇〇年七月の大統領選挙でフジモリが三選される。モンテシノスは逃げ切ったかに見えた。

翌八月、ＣＩＡが独自の調査で事件の経過を公表した。それはラレプブリカ紙の報道そのままの内容だった。モンテシノスは黙り込んだ。

九月一四日、モンテシノスが大統領選挙の前に自分の事務所で、野党の国会議員に一万五〇〇〇ドルの現金入り封筒を渡して買収するシーンのビデオが暴露された。それはテレビのニュースで繰り返し流され、国民は激怒する。これがとどめとなった。モンテシノスは国外に逃亡した。

モンテシノスは身の安全を守るため、事務所の三カ所に隠しカメラをしかけていた。その録画の一本が、なぜか外部に流出してしまったのだ。

この事件を取材していた二〇〇四年一〇月ごろ、フジモリ氏は日本にいた。二〇〇〇年の大統領選で三選を果たしたが、日本滞在中の同年一一月、モンテシノスの横領や贈賄などの責任を問われる形で辞任する。議会は事実上の罷免を決議。二〇〇一年には検察当局が刑事訴追したため帰国できなくなり、そのまま日本に滞在していたのである。

信頼できる人物を介してフジモリ氏に連絡をとってもらい、パエス記者の言葉を伝えて面会を申し込んだ。モンテシノスの陰謀を知らなかったことを、フジモリ氏自身の口から聞きたかったのだ。

モンテシノス［右］が議員に金を渡す場面を撮影したビデオテープ［AP／WWP］

仲介の人物を通じ、丁重な断りの返事が届いた。事件について自分の口からは何もいいたくない、自分の半生を描いた映画をつくっているのでそれを見てほしい、という内容だった。事件について何も知らなかったにしろ、モンテシノスのダーティーな部分を踏み台に大統領の座を維持してきたのだ。断るのは無理もない気がした。

翌二〇〇五年、フジモリ氏は二〇〇六年の大統領選をめざして出国した。五年間の滞日だった。

なぜモンテシノスは五万丁を超すカラシニコフ銃をコロンビアに密輸しようなどと考えたのだろうか。

パエス記者は、モンテシノスはそれでＣＩＡに貸しをつくろうとしたのではないかと推測している。

ＣＩＡは、治安悪化や麻薬生産を理由にコロンビアでの活動を拡大しようとしていた。しかしクリントン政権下で予算を締めつけられる。コロンビアに大量の銃が流入してゲリラ活動が活発化すれば、ＣＩＡの活動拡大要求が米政府や議会内で通りやすくなると考えたのではないか。

「モンテシノスは陰謀家だった。ペルー政府のＣＩＡの情報源は彼だった。コロンビアのメデジン・カルテルやＦＡＲＣゲリラとも近かった。フジモリの選挙資金一〇〇万ドルをＦＡＲＣから引き出したともいわれている。モンテシノスがいなければフジモリは選挙で勝てなかった」

しかしＣＩＡは、あまりに策謀的な彼を危険視しはじめる。それを感じた彼はＣＩＡに貸しをつくり、自分の立場の保全を図ろうとした――。

しかしＣＩＡはそれには乗らなかった。野党議員の買収シーンのビデオは、別の野党議員が公開している。その議員にビデオを渡したのはＣＩＡだとうわさされている。

さらに、銃の代金のことがある。

モンテシノスが密輸した一万丁のカラシニコフ銃に、ＦＡＲＣは一丁あたり一〇〇〇ドル支払ったという。合計一〇〇〇万ドルだ。銃の購入代金や貨物機の輸送費用は軍が払っているから、まるまるの利益である。たぶん半分はコカインで支払われているはずだ。その金やコカインはどこにいったのだろうか。ペルー政府の国庫に入っていないことだけは間違いない。

陸・海・空・警察、利権しだいで異なる銃

モンテシノスは、一万丁のカラシニコフ銃をヨルダンで買い付け、パラシュートで投下するという方法で隣国コロンビアの左派ゲリラＦＡＲＣに密輸した。

契約書類のコピーを見ると、銃はすべて旧東独で一九八五年に製造されたＡＫＭで、買い

付けた値段は一丁が五五ドルから七五ドルだ。それがＦＡＲＣには、一〇〇〇ドルで売り渡された。

モンテシノスには、海外各地の銀行に隠し口座があった。スイスの銀行だけでも、その額は七〇〇〇万ドルに上っている。こうした金はほとんどが、武器購入のキックバックと見られている。

事件をスクープしたラレプブリカ紙のアンヘル・パエス記者によると、武器取引の利権は大きい。一台が一〇〇〇万ドル前後の戦車や三〇〇〇万〜四〇〇〇万ドルの戦闘機など単価の高い武器を大量に購入した場合、キックバックは一割近くに上るという。

そうした巨額の利権に近づけるのは、モンテシノスら政府幹部だけだ。しかし自動小銃や弾薬など単価が低い武器では、機種の選定にあずかる軍の現場幹部が甘い汁を吸う。パエス記者はいう。

「たとえばペルー国軍の自動小銃だ。種類は圧倒的にカラシニコフが多い。一九六〇年代から七〇年代にかけてのベラスコ左派軍事政権時代にそうなった。おかしいのは、各軍それぞれで製造国がみんな違っていることだ」

押収されたＡＫの銃弾。十数カ国の刻印がある
［コロンビア軍の武器倉庫で。撮影◆杜将］

約六万人の陸軍は旧ソ連製のＡＫを採用した。二万五〇〇〇人の海軍は旧東独製である。一万五〇〇〇人の空軍は旧ソ連と東独の混在だ。このほか七万五〇〇〇人の国家警察は北朝鮮製である。この北朝鮮製のＡＫは、八〇年代のガルシア政権時代に購入された。

「当時の各軍幹部がそれぞれの利権で勝手に購入先を決めている。そのため、こんなばからしいことになった」

その後、ベルギー製のＦＡＬやイスラエル製ガリルなどの銃も購入されるようになる。そうしたペルー国軍由来の銃が、やみでコロンビア・ゲリラに流れた。メデジンのコロンビア軍第四師団の押収武器倉庫が世界の自動小銃の展示場みたいになっていたのは、こうした理由からだった。

弾丸も同様だ。薬莢《やっきょう》の底を見ると、さまざまな文字記号や数字が刻印されている。それを見れば、いつどこでつくられたかが分かる仕組みだ。メデジンの軍倉庫で見た押収弾丸は、一九六八年のハンガリー製から九八年中国製まで、十数種類あった。

九六年一二月一七日、ペルーの日本大使公邸が、左派ゲリラ「トゥパク・アマル革命運動」〔ＭＲＴＡ〕のゲリラ一四人によって占拠される事件が起きた。

元海軍司令官のルイス・ジャンピエトリ〔六四〕は、翌九七年四月二二日までの四カ月間を、人質として公邸に閉じこめられて過ごす。その間に目にした武器は以下のようなものだった。

「彼らの主な武装はＡＫ47またはＡＫＭだった。一見したところ旧ソ連製が多かったが、北朝鮮製もあったようだ。ただ、武器を手にとって刻印を確かめるようなことはできなかったので、正確には分からない。リーダーのセルパと女性ゲリラ二人はウジーを持っていた」

ウジーはイスラエル製の機関短銃だ。長さが四〇センチ程度しかなくて軽く、扱いやすい。

一四人の全員が防弾チョッキを着ており、そのポケットに一人六個ずつの手投げ弾を入れ、手製くぎ爆弾「ロシアン・チーズ」を持っていた。

ギターケースに隠しマイク

ルイス・ジャンピエトリは、前年に海軍司令官のポストを退いたばかりだった。

「人質仲間から、ゲリラには軍人の経歴を黙っていた方がいいといわれた。しかし、いずればれることだ。ゲリラから尋問されたときに自分から話した。彼らは私を退役したじいさん軍人だと見たようで、それ以上の追及はなかった」

ただ、海軍司令官として政府のテロ対策部門の責任者だったことは黙っていた。

ジャンピエトリの判断は正しかった。数日後、ある地元メディアが顔写真付きで人質たちの身元を報じてしまったのである。身分を隠していた人質はずいぶんしつこく追及を受けた。

軍人や警察関係者は一部屋に入れられた。青木盛久大使の夫人の部屋で、壁には夫人の和服がかかっていた。部屋は狭く、一八〇センチのジャンピエトリが横になると、壁の和服の裾の下に頭が入ってしまった。

その部屋に五日ほどいたが、風邪を引いて四〇度近い熱が出たため、「ルームＢ」と呼ばれる部屋に移った。政府高官ばかりを集めたＶＩＰルームだ。風邪が治ってから、リハビリを装って邸内を歩いた。しかしゲリラ側は「退役軍人のじいさん」に注意を払わず、自由に歩きまわれた。おかげで、だれがどの部屋に収容されているかが分かった。

人質の中には、国家警察テロ対策本部の幹部マルコ・ミヤシロ大佐［五一］らの顔があった。軍人同士がそれとなく集まり、ゲリラ側の武装や部隊の構成を外に知らせる方法を協議しはじめた。

ゲリラは覆面をしており、初めは全部で何人いるのかさえ分からなかった。しかし女性が二人いることが分かり、それぞれに「シンシア」「メリサ」というあだ名をつけた。それがきっかけで、他の男性ゲリラにも特徴を表す呼び名をつけて区別した。一〇日ほど後には全員に名前をつけ終わり、女性をふくめて一四人と分かった。

軍人の一人がポケットベルを持っていた。きびしいボディーチェックをすり抜けて隠して

リマの自宅で当時の様子を語るジャンピエトリ［撮影◆著者］

VICEALMIRANTE AP
LUIS GIAMPIE
PRESIDENTE DEL CO
IMARPE

いたものだ。

「どこに隠していたのかって？　……睾丸の裏だ」

しかしポケベルは、外からの短い連絡文が読めるだけだ。公邸内からの発信はできない。それをどうするかが問題だった。

ジャンピエトリは、外で待機する軍や警察も邸内の様子を知りたがっているに違いないと考えた。ゲリラの許可を受けた赤十字職員が毎日、飲用水や食料を運び込む。その箱のどこかに必ず隠しマイクがあるはずだ——。人質の軍人たちは、あらゆるものに向かって話した。

ジャンピエトリは、掃除用に持ち込まれたほうきの柄にまで語りかけた。

年が明けた九七年二月、「人質の娯楽用に」とギター四本の差し入れがあった。うち一本はジャンピエトリの私物のギターで、妻マルセラ〔六三〕の手紙がついていた。

「私の愛するルイス。あなたが大好きだったギターを送ります。これで心を慰めてください。いつも平常心を。あなたのマルセラ」

すぐ睾丸裏のポケベルに通信が入った。

「ギターにマイクあり」

ギターを調べたが見つからない。「音の出るものにマイクを隠すはずがない」と思いなおし、ギターケースを調べた。ケースの留め金のひとつに小さなマイクが仕込まれているのが分かった。

それに向かってジャンピエトリは「聞こえたら『ラクカラチャ』の曲を流せ」と語りかけた。外では警察のスピーカーが邸内に向けて設置され、ゲリラに向けての説得や人質への連絡、軽い音楽などが毎日流されていた。「ラクカラチャ」はメキシカンポップスで、スペイン語で「ゴキブリ」という意味だ。南米のどの国でも愛されている人気の曲だった。

二日後、外のスピーカーから「ラクカラチャ」が流れる。通信テストは成功した。ポケベルとギターケース。双方向のコミュニケーションが可能になる。ゲリラの人数や武装、日課など、伝えられることは余さず伝えた。どの部屋にだれがいるかも話した。

あとで、彼が話した内容はすべてテープにとられ、文書にされていたことを知る。ギターケースのアイディアを出したのは大統領顧問モンテシノスの部下の国家情報部大佐だった。彼はのちに、ＡＫ密輸事件にからんで逮捕されてしまう。

ジャンピエトリはゲリラとよく話した。幹部はいつも不機嫌だったが、他は人のいい若者ばかりだった。「ＡＫはコロンビアから買った」などと話すゲリラもいた。

「全員射殺の判断はやむを得ないが、ちょっと気の毒な気もした」とジャンピエトリはいう。

貧しさからゲリラ参加

ペルー海軍の元司令官だったジャンピエトリは、四カ月の人質期間中にゲリラとよく話をした。

ゲリラ幹部の一人サルバドールは、自分は海兵隊にいたと話しかけてきた。採用担当だった、そのためジャンピエトリをよく知っているといった。一兵卒にしてみれば司令官は雲の上の存在だ。最初はかなり緊張した態度だったという。除隊したが職がなく、ゲリラに加わったともうち明けた。コロンビア同様、ペルーでも貧困がゲリラ問題の根にあった。

やはり人質にされた一等書記官の小倉英敬〔五四＝現在・国際基督教大学講師〕は、スペイン語が堪能なためゲリラとの交渉役をつとめた。

「ゲリラの一四人の中で、一一人がアマゾン上流のＭＲＴＡの活動地域の出身でした」

女性ゲリラ二人のうち、シンシアと名付けた二〇歳の女性の母親に、日本のメディアが会っている。母親は取材に対し、「一一歳のときＭＲＴＡに強制的にリクルートされた」と語ったという。いわば拉致だ。アマゾン上流の貧困地域ではよくあることだったらしい。

私がコロンビアで会った三人の元ゲリラ兵は、就職代わりとはいえ自分の意志で組織に加わっている。しかし拉致というのは、アフリカのシエラレオネやリベリアの子ども兵士と同じレベルの話だった。

一四人の中には一五歳、一六歳といった少年少女がいた。とても精鋭兵士とはいえない。捨て駒の弾よけ要員として連れてこられたのだろう。

やはり人質にされたホセ・ガリド退役空軍少将［五四＝当時大佐］はいう。

「若いゲリラたちには、大変なことをしているという認識はなかった。命令されて大使館占拠に参加したが、事件が終われば帰れる。そう信じている口ぶりだった」

一九九七年四月二二日、特殊部隊が突入したあと、煙が立ち上る日本大使公邸［ペルーのリマで。AP／WWP］

女性ゲリラのうち「メリサ」と名付けた一六歳の少女は、夜になるとときどき一人で泣いていた。「すぐ終わるといったのに、もう一カ月を過ぎた。早く終わって帰りたい」といっていたという。

九七年四月二二日、軍の特殊部隊が強行突入したとき、ティトという名のゲリラがガリドの部屋に逃げ込んできた。ティトは頭のいい青年で、四カ月の占拠中に日本語をかなり話せるようになり、片仮名が書けるほどに上達していた。彼はガリドに銃と手投げ弾を引き渡した。「彼には明らかに戦う意思がなかった。しかし武器を受け取ったものの、そんなものを持っていたら自分がゲリラと疑われる。人質もゲリラもひげだらけで見分けがつかない。あわてて廊下に放り出した」

戦闘が終わった後で小倉は、無抵抗で逮捕された三人のゲリラを目撃している。ティトとシンシア、それと顔の見えない男が一人。ティトは地面にうつぶせにされ、銃を構えた兵士に頭をけられていた。

その後三人は公邸に連れ戻され、二度と外に出てこなかった。政府は「ゲリラ一四人は全員、交戦で死亡した」と発表した。

二〇〇一年三月、ゲリラの遺族がモンテシノスらペルー政府の公安幹部と軍特殊部隊員あわせて約二〇人を、投降捕虜殺害の容疑で告訴する。検察はそれを受け、殺人罪で起訴した。

同年八月、裁判所は特殊部隊員を分離して軍事裁判にかけることを了承する。二〇〇四年、軍事法廷は証拠不十分で無罪を言い渡した。

遺族はそれを不服とし、米州機構［ＯＡＳ］人権委員会に申し立てた。現在も審理が続いている。

誘拐身代金で銃を買い付け

ペルーの大使公邸占拠事件で人質にされた国家警察軍大佐のマルコ・ミヤシロはその後将軍となり、国家警察の長官に昇進した。祖父が沖縄・知念村出身の日系三世だ。

「当時、私は警察でテロ対策の幹部だったので、ゲリラに尋問を受けたとき、身分を隠していた。ところが地元メディアが顔写真付きで人質の身元を報じたため、隠していたことがばれてしまった」

最悪の事態を覚悟したが、彼らは暴力を振るわなかった。

「そのかわり毎日、面と向かってイデオロギー教育をされた。あれには参った」

身分がばれた人質の中には、フジモリ大統領の実弟ペドロ・フジモリがいた。日系ビジネスマンを装っていたが、ゲリラのリーダー、セルパの追及にしどろもどろになり、ついに「大統領の弟だ」と告白してしまう。処刑されるのではないかと、人質たちは凍りついた。

しかしセルパは穏やかに、「そう分かった以上は釈放はできない。だが、危害を加えることはないから安心していい」といった。ペドロは最後まで暴力は受けなかった。

ミヤシロは親しくなったゲリラの一人に、どうやって武器を手に入れたか尋ねている。誘拐の身代金でコロンビアの左派ゲリラＦＡＲＣから買い付け、オルミガ方式で運んでいる、という答えだった。ジャンピエトリが聞いた話と符合する。

ミヤシロは一九五三年に生まれた。少年時代、ボーイスカウトで少年院の奉仕活動をする。一四歳以下の少年少女だけを収容する少年院だったが、強盗や誘拐事件にかかわったものがほとんどで、社会の貧困さを目の当たりにした。それが警官になろうと思ったきっかけだった。日系としては国家警察でただ一人の将軍だ。

公邸事件の前、ペルー北部のコロンビア国境で銃の密輸を摘発したことがある。

道路建設を終えて首都リマに送り返されるブルドーザーの様子がおかしい。全体が泥だらけなのに、シリンダー部分だけがきれいなのだ。調べると、シリンダーの中に計八丁のＡＫが隠されていた。いずれも北朝鮮製で、受取人は公邸事件のリーダー、セルパのいとこの名前になっていた。

「北朝鮮製のカラシニコフは、八〇年代後半の左派ガルシア政権時代にペルーに輸入され、国家警察に配備された。ゲリラによる警察署襲撃などで奪われたものがコロンビア・ゲリラに流れ、それがまた還流してきたのだろう」

コロンビアを目指して世界各国からＡＫが流れこむ。それがあふれ、伏流水となり、反転し、地域全体で流動していた。

西アフリカのシエラレオネでは、銃を呼び込む要因は失敗国家とダイヤモンドだった。東アフリカのソマリアでは無政府状態での利権争いだ。

日本大使公邸で雑談するゲリラのリーダー、セルパ［右端］とメンバー。隠しカメラで撮影された［AP／WWP］

中南米での吸引力はコカインだった。だがその裏には、維持しきれない治安と、若者たちのどうしようもない貧しさがある。それがゲリラを生み、地域の不安定をもたらし、経済の発展をさまたげる。悪循環だった。

アフリカと中南米に、共通していえることがある。それは両地域とも、ゲリラの銃が米国製M16やドイツ製G3ではなく、カラシニコフだということだった。

開発者に罪はあるのか

自動小銃ＡＫ47の開発者ミハイル・カラシニコフは二〇〇四年一一月一〇日、八五歳の誕生日を迎えた。

その一カ月前、ロシアの彼の事務所から東京の私あてに誕生日パーティーの招待状が届いた。彼には二〇〇二年と二〇〇三年の二度、ロシアの軍事産業都市イジェフスクで長時間のインタビューをし、自宅でお茶をごちそうにもなっている。それを覚えてくれていたようだ。パーティーはイジェフスクで開かれる。モスクワの東一〇〇〇キロ、ウラル山地に近い都市だ。

モスクワで国内便に乗り継ぎ、イジェフスクには誕生日の前々日に到着した。事務所に到着を伝えると、彼は「誕生日当日は首相や知事が来て忙しいから」と、わざわざこちらのホテルまで会いに来てくれた。

八五歳の感想を尋ねると、「いや、年は取りたくないものだ。足はよぼよぼだし、顔はしわだらけでオーブンの焼きリンゴだ」と大きな声でジョークを飛ばした。

「だが、年は取れば取るほど知恵がつくといってくれた人がいる。ここまで来たついでだ、一〇〇歳になればどのくらい知恵がつくものか、試してみようと思っている」

一九一九年にシベリアのアルタイ地方で生まれた。中学を出てシベリア鉄道のアルマトイ機関区に就職するまではふつうの人間だった。そこで第二次大戦がはじまった。

ソ連軍の戦車兵となる。キエフでドイツ軍と遭遇し、大敗した。ドイツの突撃銃の威力に衝撃を受け、独自に自動銃づくりを手がける。その後、正式に武器アカデミーに採用され、自動小銃の開発メンバーとなった。ＡＫ47が完成したのは一九四七年、二八歳のときだった。それから半世紀以上たったが、彼のＡＫ47は今も世界中で現役だ。

右耳がやや遠いが、血色はいいし声に張りがある。足はよぼよぼどころか、ホテルのレストランの一〇段の階段を、手すりも使わずにすたすた上って息も切れない。

健康の秘訣は、昼食にウオツカをグラス一杯飲むことだといった。

「キエフ戦線で肩と胸に負傷した。そのせいだと思うが、二年ほど前から右手がしびれてふるえるようになった。それが一杯のウオツカでおさまる。しゃんとする。薬だな。ただ、癖になるので一日一杯だけにしている。夜は飲まない」

　第二次大戦、東西冷戦、ポスト冷戦と、三つの時代を生きた。その中では、冷戦時代のソ連が自分にいちばんあっていたと思う、という。ソ連最高の栄誉だった「社会主義労働英雄」に二度輝いている。いまもそれをいちばん誇りに思うといった。

「自分がもっとも生き生きしていたのは、戦後すぐの時代だろうな。死ぬほど働いたが、それがちゃんと評価された時代だった。自分の人生は結局、ソ連人としての人生だったように思う」

　戦後すぐというのは、ＡＫ47の開発に成功したころだ。彼はそれに全精力を傾けた。

「子どもを大勢生んだ母親でも、最初のお産をいちばんよく覚えているものだ」

　しかし、彼が心血を注いだＡＫで世界各地に混乱が引き起こされている。そういうと彼は笑った。

「ＡＫ47はアフリカのシエラレオネで多くの命を奪ったから有罪だ、だからそれをつくった私も有罪だ、という人たちがいる。でも、その論理はおかしい。日本には素晴らしい日本刀がある。それで人が殺されたら、刀鍛冶が有罪になるのか」

　上きげんのカラシニコフに、用意していた写真を見せた。コロンビアで押収された中国製

誕生日パーティーのカラシニコフ。胸にソ連時代の勲章が輝いていた
［イジェフスクで。撮影◆著者］

のカラシニコフ銃「ノリンコＭＡＫ90スポーター」。彼の笑いが消えた。

ソ連消え、止まらぬ拡散

カラシニコフは、ノリンコＭＡＫの写真を見ると、とたんに不機嫌な表情になった。

「中国はライセンス切れにもかかわらず、ロシア政府や関係者にことわりなくＡＫの生産を続けている。彼らは、買い手さえあればどこにでも売る。それがＡＫの評価を落とすことになる。開発者としてはきわめて不愉快なことだ」

旧ソ連は一九五〇年代から七〇年代にかけ、東側陣営の約三〇カ国に、カラシニコフ自動小銃の製造ライセンスを供与した。東欧諸国や中国、北朝鮮もＡＫの工場をつくった。

ソ連が崩壊したあと、ＡＫ生産の権利は民営化された武器製造企業「イジマシュ」に引き継がれた。カラシニコフが主任設計技師をつとめる会社だ。旧ソ連が供与したライセンス契約はすべて消滅しており、各国はイジマシュ社との間で新しい契約を交わさなければならない。にもかかわらず、そうする国はひとつもない。彼らは知らん顔をしてＡＫの製造を続けている。

「われわれが抗議すると中国側は、これはＡＫではない、独自に開発した自動小銃だ、ほら、

使い込まれたAK47はブルガリア製だった
［コロンビアの右派ゲリラAUCの基地で。撮影◆杠将］

この部分とこの部分が違う、などと答える。冗談ではない。この写真はだれが見てもＡＫだ。そうだろう？　私の設計をそのまま使っている」

そうした国々では商道徳より目の前の利益が優先する。紛争地に売られようが、子ども兵士に渡ろうが気にしない。ブルガリアのように、ＡＫの組み立て工場まで勝手にイランに輸出した国さえある。当然、供給がだぶつく。すると彼らは質を落とし、価格を下げて売り込みを図る。

カラシニコフはいう。

「そういう心得違いの者がいても、われわれが黙っていいものをつくり続けていれば、いずれは淘汰されると思っていた。質の違いは明らかなのだから。しかし現実は違った。使用者側は安価を求めた。安ければ粗悪品になる。それでも彼らはそちらを選んだ」

銃を買うのは戦う人間たちではない。戦わせる人間たちなのだ。カラシニコフはそれを計算に入れるのを忘れていた。それにＡＫは設計がしっかりしているため、多少手を抜いたつくりでも支障なく作動した。

ノリンコＭＡＫは正価で三〇〇ドル前後だ。しかし実際は米国で二〇〇ドルを切っており、そのぶん粗雑なつくりになった。

「うちでつくったＡＫと比べれば違いはすぐ分かる。しかしノリンコしか知らない者は、こんなものでもＡＫだと思ってしまう」

米軍は、アフガニスタンとイラクの国軍再建で、制式銃として米国製M16ではなくAKを採用した。兵士がAKを使いなれていたこともあるが、当地ではAKの方が故障が少ないことが大きな理由だった。

しかしそのAKは、ロシア・イジマシュ社製の純正品を正規に輸入したものではなく、ブルガリアなどの東欧製を武器市場で安く買ったものだ。ロシア政府がそれに抗議しても、米軍は回答さえしてこない。米国政府までがAK流動に手を貸しはじめたのだ。

「私が六〇年も昔に開発した自動小銃が、世界各地でコピーされて出回っている。かなりの粗悪品だ。そんなものでも、米国製の自動小銃よりいいという。誇らしいような悲しいような、複雑な気分だ」

カラシニコフは、ソ連時代がもっとも自分が評価された時代だといった。しかし、世界にライセンスをばらまき、大量のコピーをつくらせて「悪魔の銃」の汚名を着せてしまったのは、まさにソ連だったのではないか。

一九九一年一二月、ソ連が崩壊した。武器庫の最終管理責任者がだれか、分からなくなった。その混乱期に、大量の兵器が武器庫から消えた。戦車、ヘリコプター、ミサイル、戦術核……。現場の将校たちが手当たり次第に売り払ったのだ。その中には数万丁のAKも含まれていた。コピーAKに加え、「純正AK」の多くも、リベリアやアフガニスタン、コソボ、コロンビアなど世界の紛争地に流れていった。

第4章

AK密造の村

鉄砲工房ずらり六〇〇軒

パキスタン北西部の都市ペシャワルから南へ四〇キロ、アフガニスタン国境の近くに、ダラという村がある。そこでは、地域ぐるみで自動小銃やピストルを密造していた。

米国のM16、ドイツのG3、ベルギーのFAL、何でもつくってしまう。中でも一番人気はカラシニコフだ。本物と区別のつかない精巧なAK47が、その村だけで月に何千丁も製造される。

できあがった銃にはニセの刻印が刻まれる。ソ連製、中国製、ブルガリア製、客のお好みしだいだ。

だれが、何のためにこのニセAKを買うのか。政府はなぜ、こんな密造を許しているのか。

ダラ村を訪れたのは二〇〇五年五月、そろそろ暑い季節が始まるころだった。

ペシャワルの渋滞を抜けると、南に向けて四車線の広い自動車道路が走っている。その道路を約一時間走る。日本のODAで最近つくられたコーハート・トンネルの手前で左に折れ、未舗装の細い道に入る。そこから一キロも行かない先がダラ村だった。

村の真ん中を、幅一〇メートルほどのほこりっぽい道が貫いている。その通りの両側約五〇〇メートルにわたって商店が並んでいた。

ブロック積み二階建ての狭い店が、五〇軒はあるだろう。すべてが銃砲店で、食料品店や衣料品店はない。店の壁にはずらりとＡＫ47が並び、天井からも下がっている。ほとんどが村でつくられたニセＡＫだ。

一軒で値段を尋ねてみた。ひげ面の主人がじろりとにらむ。折り畳み式の金属の銃床がついたＡＫ47のコピーが約四〇〇ドルだという。ロシア製のほんもののＡＫで正価が約三〇〇ドルだから、ニセもののくせに結構な値段だ。こちらが冷やかしだと見抜いて吹っかけてきたようだ。

礼をいって道路に出たら、隣の店の主人が寄りそってきてささやいた。

「いくらといわれた？　四〇〇ドル？　うちは半額でいい、実弾三〇〇発つき二〇〇ドルでどうだ」

四〇〇ドルを上限に、値段は交渉次第のようだった。

午前九時だというのに、通りは民族服姿の客で混雑していた。あちこちから間断なく銃声が響いてくる。客が店の裏で商品を試射しているのだ。パン、パン、パンという単発音にババババババと連射音がかぶさり、火薬のにおいが鼻をつく。

一人の男が鈍く光るピストルを手に店から出てきて、私の横でいきなり空に向けて引き金を引いた。こちらはびっくりしたが、道を行く人々は驚く様子もない。なんとも物騒な村だ。

表通りから路地に入ると、軒並み鉄砲鍛冶の工房だった。どの工房も一〇畳ほどの広さの同じつくりで、奥に親方が座り、二、三人の職人が働いている。工房は約六〇〇軒あるという。零細手工業の村なのである。

路地奥の工房では職人が、完成したAKにニセの刻印を打っていた。禿げあがった頭に白く長いひげ、鼻の先で落ちそうな眼鏡。どこか哲人の風貌をただよわせる老職人だ。

小さな箱に、長さ七センチほどのタガネが数十本、区分けして入れてあった。ソ連、ブルガリア、ルーマニアなどの製造国マークがある。アルファベットの大文字・小文字、ロシア文字、数字……。「五六式」という漢字の刻印もあった。中国製であることを示すマークだ。中国略字の「連」「単」もある。「どこの国の刻印でも入れてやる」と老職人はいった。カラシニコフといえばロシアが本家だ。それ以外の国のマークを希望する客がいるのだろうか。

タガネの箱を探したが、北朝鮮のマークがなかった。それを指摘すると彼は笑った。

「北朝鮮のマークは置いていない。そんな刻印を入れたらだれも買わないから」

銃を万力の上に横にする。立て膝をした職人が国の刻印をカツンと打ち込む。つぎに「1977」と製造年を打つ。最後に六けたの適当な製造番号。一〇分たらず、目の前でソ連製AK47のニセものがあっさり誕生した。

ダラ村は「部族地域」と呼ばれる自治地域の中にある。この場合の「部族」とは、パキス

AK47のコピーをつくる銃職人
［パキスタン北部のダラ村で。撮影◆著者］

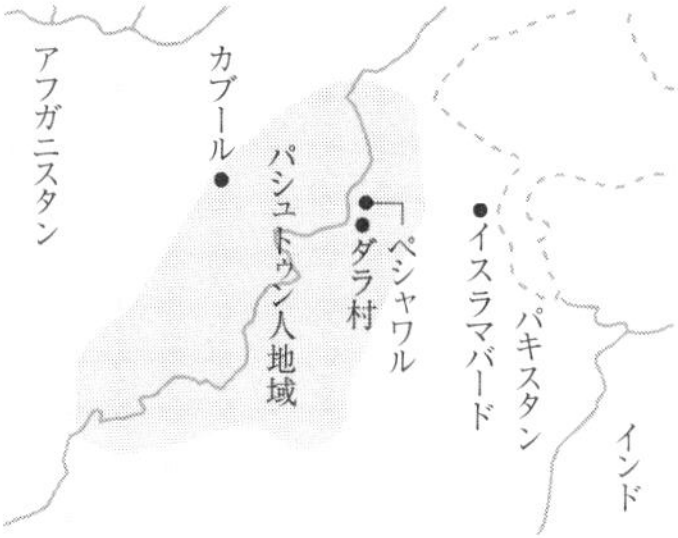

タンとアフガニスタンの国境地域に住むパシュトゥン人のことだ。

一六〇〇年、英国は東インド会社をつくってインドを支配した。英軍は、未分離だったパキスタンのペシャワルを拠点に、一八三八年の第一次、一八七八年の第二次とアフガニスタンに侵攻する。しかしパシュトゥン人の激しい抵抗で犠牲を出し続けた。

一八九三年、英外交官デュランドは、カイバル峠を含む山脈に沿って境界線を引く。デュランド・ラインと呼ばれ、そこから奥は危険で統治が大変だ、という英国の苦悩を反映したラインだった。それがそのままインドとアフガニスタンの国境となる。

この国境で、二七〇〇万［米CIA調べ］のパシュトゥン人はほぼ半数ずつに分断された。英国は、国境の東側のパシュトゥン人地域を「部族地域」に指定して大幅な自治を与え、司法や警察を彼らの慣習法に任せることにした。強権支配して血を流し続けるより、この地域を両国の緩衝地帯とする方向を選んだのである。それがパキスタンの独立後も継承された。

一九四七年、パキスタンはインドから分離独立する。しかしアフガニスタンとの間では、英国が引いた国境線を踏襲せざるを得なかった。そのため、多数派パンジャブ人とはアイデンティティーの異なるパシュトゥン人の集団を、国境の内に抱え込むことになった。

パシュトゥン人の言葉はパシュトゥー語だ。パキスタンの国語ウルドゥー語とは違う。農耕が主体の南部住民に対し、パシュトゥン人は遊牧と交易を主ななりわいとしている。ひとつの国家を形成するには、異質な要素だらけだった。

パキスタンは、英国が植民地支配の都合でつくった「国ならぬ国」を引き継いだのである。パシュトゥン人の自治地域にパキスタン警察の権限は及ばない。自治地域の治安には、パシュトゥン人で形成される「部族警察」が責任を持つ。

部族地域の取材にはパキスタン内務省の許可が必要だが、さらに「部族警察」の許可が義務づけられ、彼らの同行が求められる。取材者の安全を確保するためだといわれた。ペシャワルからの自動車道をダラ村の方向に折れたすぐのところに検問所があり、部族警察の警官が詰めている。そこで内務省の許可証を見せると、部族警察の警官が同行する。私には、カラシニコフで武装した七人の警官が小型トラックでついてきた。

部族警察はパキスタン警察から完全に独立している。パキスタン警察は青のシャツに黒ズボンが制服だが、部族警察の制服はパシュトゥン風のだぶだぶの黒い民族服だ。部族地域内での事件や事故はすべて彼らが処理し、パキスタン警察が介入することはない。

パキスタンの法律では、自動小銃の民間での製造・販売・所持は禁止されている。しかし部族地域でその法律は適用されない。部族地域のパシュトゥン人は、自動小銃をつくるのも持つのも自由なのである。

私の取材に同行した部族警察の警官たちは、目の前でAKの密造や売買を見ながら笑っているだけだ。それどころか、「あいつがつくったAKは性能がいい」とか「トカレフ拳銃だったらあいつだ」などと、ニセ銃づくりの腕前の品定めをしている。

ダラ村でニセのＡＫが何丁つくられ、だれに売られたか、パキスタン政府は把握できない。銃は部族地域全体にあふれ、やがて外部に流れ出していく。

コピー銃で英軍に抵抗

工房のひとつで、ニセＡＫがどうつくられるのかを見せてもらった。部族警察の警官が「あいつのＡＫは性能がいい」とほめていた工房だ。

村の中ほどの路地に入った。幅二メートルほどの路地の両側に鉄砲工房が並ぶ。ピストルやカラシニコフの絵入り看板が軒なみに掲げられている光景は異様だった。

警官が「この工房だ」という。奥に座っていた親方が出てきて、ピール・モハマド〔三五〕と名乗った。油で汚れた民族服を着ている。手を服にこすりつけ、油を拭いてから握手してきた。訪問の趣旨を告げると、彼はてらう風もなく、「ああ、うちのＡＫは世界で一番だ」といった。カラシニコフ本人が聞いたら卒倒しそうな文句だ。

ダラ村の銃づくりは分業制だ。銃身は銃身、機関部は機関部、木部は木部と、部品はそれぞれ専門の工場でつくられる。ピールによると、ＡＫは約一〇〇個の部品からできているという。銃身などの鍛鋼《たんこう》、引き金などの鋳鋼《ちゅうこう》は村ではつくらず、初めから外注する。多くはパンジャブ地方の鉄鋼メーカーだ。機関部カバーなどのプレス金属、鋼でない鉄部品は、村内の工場で大量生産している。

工房は表通りの銃砲店の注文を受け、そうした部品からＡＫを組み立てる。大手メーカーの「組み立てライン」に当たる部分だ。工房の主な作業は「組み立て」と「調整」だ。調整とは、組み立てた銃がスムーズに動くよう手を加えることである。

ダラ村でコピー銃がつくられるようになったのは、英軍がアフガニスタンに侵攻した一八三八年以降のことだから、かれこれ一七〇年の歴史を持つ。

国境地帯に住むパシュトゥン人は侵入英軍に激しく抵抗した。

パシュトゥン人はアフガニスタン・パキスタン国境の山岳地帯に住み、半農半牧の生活をしていた。人口は二七〇〇万人を超し、ひとつの国家を十分につくれるほどだ。いくつかの部族があり、ダラ村の住民はアフリディという部族に属している。鍛冶を得意とする人々で、英国軍がやってくるまでは刀や槍、鎌やなたを代々つくっていた。

アフリディの職人は、英軍のエンフィールド銃を奪い、そっくりコピーするのに成功する。エンフィールド銃は一発ずつボルトハンドルを引いて装塡するボルトアクションの連発銃だ。彼らはそのコピー銃で、最終的には超大国・英国の軍隊を追い出してしまった。ダラ村のニセ銃づくりは、民族の誇りを背負った伝統的な産業なのである。

ニセ刻印を打ち込むのも、当時からの伝統だったようだ。地域住民が見せてくれた古いダラ製エンフィールド連発銃には、「英国製」のマークがきっちり入っていた。

ダラ村でＡＫ47がつくられるようになったのは一九七〇年代、アフガニスタンのクーデターで国王が追放されたころからだ。ソ連が介入の動きを見せ、地域にＡＫ47が入ってきた。職人たちはたちまちニセＡＫをつくってしまった。連射可能な自動小銃づくりは初めての経験だったが、分解して部品をそっくりコピーし、それを組み立てるというやり方は、英国エンフィールド銃をコピーしたときの手順のままだった。

ＡＫ47開発者のカラシニコフは、銃がゴミや火薬カスで作動不良を起こさないよう、動く部品同士のすき間を〇・三ミリとした。通常の自動小銃のすき間は〇・一ミリだ。銃が精密機械だった当時としては、常識はずれのスカスカ設計だ。その設計のおかげでＡＫは、イラクの砂ぼこりやベトナムの湿気の中でも平気で作動した。

自動小銃の弾詰まりの最大の原因は、薬室内の薬莢切れである。火薬が爆発するとき、薬室内には一平方センチメートルあたり四トンという強烈なガス圧がかかる。薬莢は高熱でふくらみ、薬室の壁に張りつく。それを強引に引き出そうとすると薬莢の真鍮《しんちゅう》が破れ、破片が薬室内に残ってしまう。そこに次の弾が押し込まれると弾詰まりを起こす。

未塗装の銃を手に、通りで話しあう銃商人たち
［ダラ村で。撮影◆著者］

カラシニコフは空薬莢を引き出すスライドを五〇〇グラムと重くし、作動にわずかな時間差を生み出す工夫をした。その時間差で空薬莢が冷えて収縮し、薬莢切れを起こさずに引き出せるようになった。M16のスライドは半分の二五〇グラムしかない。そうしたさまざまなアイディアの集積がAKを「世界の名銃」に仕立て上げている。

ダラ村の職人たちのコピーの仕方は、鋳型をつくるように本物に忠実だった。AK独自の「スカスカ設計」や「重いスライド」などの特性も意図せずにコピーされてしまう。その結果、本物そっくりの「使いやすくて故障しにくい」AKができあがった。

一九七九年、ソ連がアフガニスタンに侵攻した。パシュトゥン人を中心とする抵抗闘争が始まる。彼らは英国のときと同様、侵入者の銃AK47をコピーして戦ったのである。AKの需要が爆発的に高まり、ダラ村がもっとも繁盛した時期だった。

一〇歳でヤスリかけの修業

AKづくり名人のピール・モハマドは、父親も銃職人だった。

当時は工房がなく、父は自宅の土間の片隅を作業場にしてAKの部品を組み立てていた。ピールは学校に上がる前から父を手伝って仕事を覚えた。

ピールの工房は、村の表通りの中ほどの路地を入ったところにある。コンクリートづくり平屋建ての「工房長屋」の一区画だ。

間口三メートル、奥行き五メートルほどの空間で、奥の三分の一が親方の席になっている。手前三分の二の左半分は土間で、右半分は二〇センチほど高い床が張ってあり、職人の席になっている。

職人の席は三つだ。土間に面して三台の万力が固定されており、その前に職人の作業スペースがある。床はそれぞれ掘りごたつのように掘り下げられ、職人は足を下ろして仕事ができる。ピールの工房では、二人の職人が座り、くわえたばこで世間話をしながらAKの部品にヤスリをかけていた。三つある万力の一台は遊んでいる。仕事が立て込んできたときにピールが使うのだといった。

外注の鉄鋼メーカーから届いた新しい金属部品は角が立っており、そのまま組み立てると引っかかってうまく作動しない。それをいかにスムーズに動くようにするかが腕の見せどころだ。大手メーカーのラインでいえば、「組み立て」と「調整」の工程の「調整」にあたる作業である。そこではヤスリがもっとも主要な工具になる。

ピールは「とりたてて特殊なものをつくっているという感覚はない」といった。

「日本では、トヨタやニッサンをつくる職人がいるんだろう？　おれたちはその職人と同じことをしている。つくっているのが自動車ではなく、銃だというだけだ」

工房で働く職人は、親方の息子や兄弟、いとこ、甥などの親族が多い。一〇歳前後から仕事を仕込まれ、やがて独立して工房を持つようになる。徒弟制の家内工業が今も健在なのである。ピールの工房の二人の職人は、彼の弟たちだった。

一〇歳から修業をはじめたピールは一五歳で一人前となり、自宅の父の作業場をゆずられた。表通りの銃砲店からの注文はほとんど彼がこなし、父は忙しいときに手伝いに入った。ソ連のアフガニスタン侵攻の後で、ダラ村製のAK47がつくるそばから売れていた時期である。

しかし一八歳のころ、ダラの銃はぱったり売れなくなった。

一九八八年、ソ連のアフガニスタン撤退が始まる。撤退する軍は武器弾薬を放棄していくのがふつうだ。重くてかさばり、撤退行動の邪魔になる。貴重なトラックや飛行機を、もう使わないものの輸送に回すことはしない。

放棄された武器庫から本物のAKが持ち出され、二束三文で地域に流れ出た。さらに、戦闘の終結で銃の需要が大きく落ち込む。その二つの理由でダラのコピーAKが売れなくなってしまったのである。

「本物でさえ、一丁が二〇ドルぐらいの値しかつかない。商売にならなかった」

父親の仕事場で遊ぶ子ども。こうして銃づくりを覚えていく
［ダラ村で。撮影◆著者］

ピールは銃づくりに見切りをつけざるを得なかった。九〇年初め、村を出ることにする。親戚を頼ってカラチに行き、銀行の警備員に雇われた。月給一三〇ドル。二〇歳の若者には結構な実入りだった。カラチにはピールのように、食えなくなってダラを出た銃職人が大勢いた。

むずかしい銃の部品は盗んだ

ピールがカラチの銀行の警備員になって三年が過ぎた一九九三年暮れ、父から「早く帰ってこい」と電話があった。ソ連が撤退した後のアフガニスタンで内戦が激化し、ふたたびカラシニコフの需要が高まったのである。

村に帰ったピールは、警備員をしてためた金で工房を借りる。家賃は月二〇ドルだった。やはり村を出ていた弟二人を呼び戻し、三人でＡＫづくりを始めた。

ピールによると、自動小銃づくりの最大のポイントはボルトの仕上げだという。ボルトは日本語では遊底と呼ばれる部分で、弾丸を銃身に送り込んで銃尾を閉じる役割を持つ。自動小銃は、その動作を一秒間に一〇回の速さでくり返している。

銃弾の火薬が爆発すると、周囲には瞬間的に一平方センチあたり四トンのガス圧がかかる。銃尾を十分に密閉しないと、ガスは後ろに噴き出してしまう。暴発だ。それを防ぐため、どの国の自動小銃も密閉のためのさまざまな工夫をこらしている。

ＡＫ47は「ターンロッキング」〔回転閉鎖〕という方式を採用した。

発射ガスの一部を銃身上部のガスシリンダーに導き、スライドに連結したピストンを往復させる。スライドの中にはボルトが仕込まれており、斜めに刻まれた溝に沿って回転しながら前後する。ボルトの先端にはツメが出ている。銃身の最後尾にはそれに対応する「ツメ受け」がある。ボルトは回転しながら銃身のツメ受けとかみ合い、銃尾を密閉する仕組みである。

一五四三年、日本に火縄銃が伝来したころ、種子島の刀鍛冶が領主から鉄砲のコピーをつ

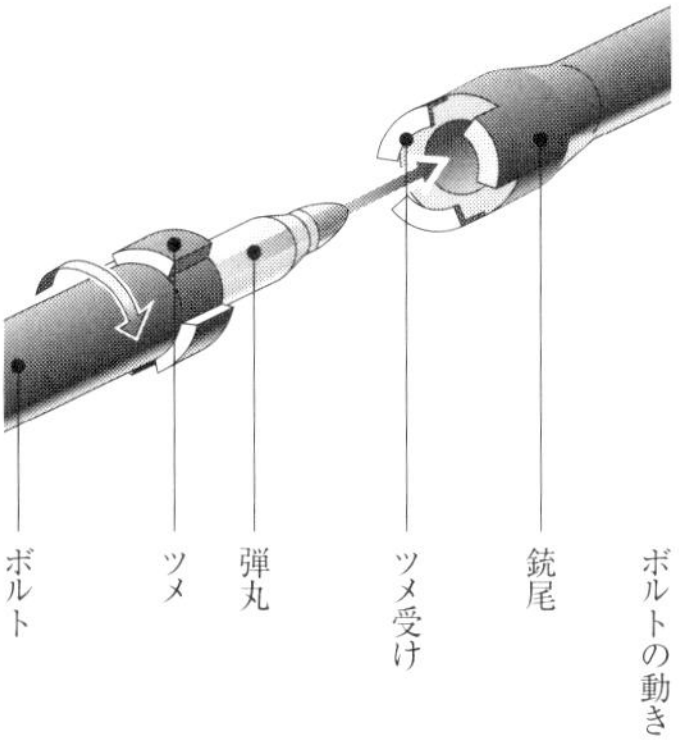

くるよう命ぜられた。鍛鋼で銃身をつくることはできたが、銃尾をがっちり閉鎖する方法が分からない。ポルトガル人に娘を差し出し、そのノウハウを盗ませたという物語がある。

自動小銃ではないのだから今から考えると大したことはないのだが、「開閉ができ、かつがっちり閉鎖することができる」という方法を考案するのは当時は大変なことだった。娘を犠牲に刀鍛冶が手に入れた答えはネジだった。日本にはそれまで、ネジの概念がなかったのだ。

ダラの職人たちも、エンフィールド銃のコピーを始めた当初、ボルトづくりに手を焼いたようだ。一発ずつのボルトアクションだったが、どうも調子よく動くボルトがつくれない。とうとう盗むことにした。英軍の駐屯地に忍び込み、寝ている英国兵の銃からボルトだけ外して盗んだという。『シルクロードの謎の民——パターン民族誌』〔J・スペイン、刀水書房〕という本に出てくる話だ。銃ごと盗んでしまえばいいものを、パシュトゥンの職人たちは律義だった。

火縄銃やボルトアクション銃でも、ボルトという部品はやっかいなものなのだ。まして自動小銃となると、ボルトにかかわるあらゆる部品がなめらかに動かなければならない。ヤスリを使いすぎればガタガタになる。調整は微妙だ。ピールがAKづくりの名人と呼ばれるのは、その繊細なヤスリ使いの腕ゆえなのである。

工房の奥に座るピール。二人の職人は弟たちだ
［ダラ村で。撮影◆著者］

彼の工房では月に二〇丁のＡＫをつくる。それを一丁一八〇ドルで店に卸す。店は一丁四〇〇ドルの値札をつけて売る。

ロシア製の純正カラシニコフはイジマシュの工場渡しで一二〇ドル、正札価格が約三〇〇ドルだ。しかし現在のダラ村ではＡＫの引き合いが強く、四〇〇ドルでも売れるのだという。もっとも何丁か注文の数がそろえば、三〇〇ドル、二〇〇ドルぐらいまでの値引きはしているらしい。

工房の収入は兄弟三人で等分している。一人あたりの収入は月約四〇〇ドルだが、物価の安いパキスタン北部では高収入の部類だ。ピールは、注文さえあれば月に四〇丁はつくれるといった。

一二歳の長男を頭に二男三女がいる。息子たちに銃づくりを強制する気はないが、一族はみな銃職人だ。息子たちはしょっちゅう工房に遊びに来て、ときどきは父や叔父たちの仕事を手伝う。彼らもやがては銃職人になるのだろう。

ライフル刻みは指加減ひとつ

ボルトづくり以外で面倒なのは、銃身にライフルを刻み込む作業だ。

ライフルというのは、銃身内側に刻み込まれた渦巻き型の線条のことである。弾丸に回転を与えてまっすぐに飛ばすためのもので、AK47は右回りに四本入っている。

ライフル銃ができたころのライフル線条は、銃身の中により硬い合金の「線条子」を押し込み、反対側から回しながら引っ張る方法で付けられた。一丁の銃身に線条をつけるのに三日ほどもかかったという。もちろん、現在は機械化されている。

日本の自衛隊の89式自動小銃は、愛知県にある豊和工業の工場でつくられている。銃身にする直径五センチ長さ四〇センチの極太の鋼管に、凸型の線条がついたタガネ棒を入れる。それを外から強力なハンマー機でガンガンたたくのである。強烈な騒音が工場の建物の外まで響き、会話などできなくなる。

鋼管はタガネに押しつけられ、内側に凹型のライフルがつく。同時に鋼管はたたき延ばされて銃身の厚さになる。

AKをつくっているロシア・イジマシュの工場では、ハンマーのかわりに強烈な水圧で圧延する。工場内は静かで、豊和工業の工法よりはるかに近代化されている。

豊和工業の担当者は、「たしかにロシアより遅れていますが、それは設備投資をして採算がとれるかどうかの問題です」と苦笑いした。ロシアでは日産一万四〇〇〇丁生産できるようにラインが設計されている。しかし日本では、防衛庁の注文は年間三〇〇〇丁に届かない数だ。日に一〇丁もつくらないのに、近代化のための設備投資をするメリットはない。それが旧式のハンマー機をいまも使っている理由だった。

ダラ村の方法は、日本以上に前近代的だった。

域外の鉄鋼メーカーに、初めから内径も肉厚もＡＫの銃身と同じ鋼鉄パイプを注文してしまう。その出来合いの銃身にプレス機で超硬合金の線条子を押し込み、ライフルをつける方法である。

ライフリング工場は、長屋風の土壁トタン屋根の民家の中にあった。土間はコンクリートも打ってなく、土のままだ。民家は主に猟銃や散弾銃の銃身をつくる工場で、あちこちに完成した散弾銃の銃身が並べられている。ライフリングの機械はその土間の隅に置かれていた。裸電球の光がやっと届くような明るさしかない。その暗がりの中で、民族服にひげ面の職人がひとりで作業をしていた。

線条子は銃の口径と同じ太さで、長さ一センチほどのチタン製の短い棒だ。それに斜めに刃がついている。その線条子をプレス機についた押し込み棒でぐりぐり回しながら押し込み、ライフルを刻みつける。なんとも安直な製法だった。

一本のライフルは一〇秒ほどで刻まれる。それを四回くり返して一丁上がりだ。ライフル

プレス機で銃身にライフルを付ける職人
［ダラ村で。撮影◈著者］

線の間隔はプレス機のレバーの指加減ひとつである。

銃身工場の親方は「日に三〇〇本の銃身を仕上げる」といった。銃身工場は村に五軒ある。ということは、散弾銃やライフル猟銃をふくめ、日に一五〇〇丁前後の銃が製造されているということだ。

そのうちＡＫを、低めに一割と見積もっても一五〇丁だ。月に四五〇〇丁、年にすれば約五万丁のＡＫがつくられる計算だ。日本の89式の二〇倍近い生産である。

ＡＫ名人のピールは、ダラのＡＫには弱点があるといった。鋼鉄のパイプをたたき延ばしてつくった銃身ではないため、本物に比べると強度で劣る点だ。

「だがその違いは、いちどに一〇〇〇発撃ってみないことには分からない。ふつうは戦場でもそんな使い方をしない。だったらわれわれのＡＫで十分だ」

ダラ村のＡＫは実用本位だった。

「22口径ＡＫ」は八〇ドル

ダラ村の表通りの銃砲店でいちばん大きな店はウスマン・カーン〔三〇〕のところだ。間口三メートル奥行き五メートルの店舗を二軒続きで買い、仕切りを取り払って大きな店構えにしてある。

店の三方の壁にはびっしり銃がかかっている。「二〇種類、二〇〇丁以上ある」とウスマンはいった。

彼の店では部族地域以外の客が多い。カラチやパンジャブ地方の一般客や小売業者が多く、

上がブルガリア製のAKS74u、下がダラ村製のカラコフ
［ダラ村で。撮影◆著者］

散弾銃や狩猟用ライフル、ピストルなどの合法的に所持できる銃が目当てだ。それらもすべてコピーである。ウスマンの店の主力商品は英国製コピーの散弾銃で、店で売るよりカラチの小売店に卸す数が多い。それは一丁が六〇〇ドルだ。本物だと一〇〇〇ドル以上するという。

変わった形のＡＫが壁にかかっていた。銃身が短く、銃口がラッパ形に開いている。よく見ると口径が小さい。

「22口径のカラシニコフだ。セミオートマチックにしてある」とピールがいった。

22口径？　それはベレッタの婦人用小型ピストルの口径じゃないか。そんなＡＫがあるのか。しばらく考えてやっと分かった。

「22口径」とか「45口径」という数字の単位は「一〇〇分の一インチ」である。一インチの一〇〇分の二二は約五・四五ミリだ。つまり五・四五ミリ口径のＡＫ、ＡＫ74のことだった。

旧ソ連は一九七四年、口径五・四五ミリのカラシニコフ「ＡＫ74」を開発した。ＮＡＴＯ［北大西洋条約機構］が口径を小さくしたのにあわせた動きだ。銃の基本構造はまったく変わらない。しかし弾丸が軽くなり、兵士一人がより多くの弾丸を携行できるようになった。日本の自衛隊の銃も、「豊和64式」は七・六二ミリ口径で「89式」は五・五六ミリだ。

店の裏でコピーＡＫを試射する客［ダラ村で。撮影◆著者］

ＡＫ47とＡＫ74の違いは口径の大きさなのである。ＡＫ47の弾丸は直径が七・六二ミリと大きく、重さが一個七・九グラムもある。ＡＫ74の弾丸は一個三・四グラムと、ＡＫ47の半分以下だ。これまで二〇〇発しか携行できなかったとすれば、倍の四〇〇発持てるようになるのである。「自動小銃のスプレー的使用」の時代に適応した改良だった。

口径が小さくなった分、敵に与える打撃が落ちたという意見がある。心臓や頭部に当たらないかぎり、相手は死なないからだ。

しかし茨城県にある自衛隊武器学校で、幹部の一人は、今の戦争では小口径の方が効果的なのだといった。

「口径の大きい弾丸は力が強く、即死の率が高い。逆に腹部などに当たると貫通してしまって大きな損害にはならない。小さい弾丸は力が弱いため即死率は低い。軽いため腹部などに入っても貫通せず、体内で回転して周囲の臓器をずたずたに破壊する。当然、痛みはひどい」

撃たれた味方兵士が死んでしまった場合、部隊は戦闘行動を続けることができる。遺体はあとで収容すればいい。しかし重傷を負ったら後送しなければならない。一人を後送するのに、かついだり抱いたりで三人ほどの同僚の手がかかる。一個分隊を約一〇人として、一人が負傷したら、本人をふくめて四人が戦線から離脱することになる。戦闘能力は半分近くに落ちてしまう。

痛みで泣き叫ぶので、周りの兵士は気になって放っておくことができない。かならず後送することになる。「弾丸が小さいというのは、本当は残酷なことなのです」とその自衛隊幹部はいった。

そのAK74を、戦車やヘリコプター乗員用に短く、軽くした。AKS74uというタイプだ。長さは七三センチでAK47より一四センチ短く、重さは二・七キロで一・一キロ軽い。

壁にかかっていたのはそのコピーだった。

全自動ではなくしてある。ダラ村では「カラコフ」と呼ばれていた。「シ・ニ抜き」にどんな意味があるのか、だれも知らなかった。

パキスタンの法律では、「22口径以下で、全自動ではないライフル」なら、警察の許可を取れば合法的に所持できる。許可は申請して一週間でほぼ確実に取ることができる。

「カラコフ」の価格は一丁が約八〇ドルだった。AK47の五分の一だ。「いちばんよく売れるから」というのが、その安値の理由だった。

カラコフの試射をさせてもらった。

試射場などはない。ピストルの場合は店の裏庭で、向こうの端に空き缶を置いて撃つ。しかし、射程の長い自動小銃ではそうもいかない。道路をはさんで八〇〇メートルほど先の山腹に、丸い形の岩がある。客はその岩をねらって撃つだけだ。双眼鏡がないので、当たったかどうかなど分からない。弾丸が確実に、「前に向かって」出ていくことを確かめるだけなのである。

銃を構えて引き金を引いた。一瞬、暴発するのではないかという恐怖が頭をかすめた。しかし弾丸はちゃんと前に出ていった。

だまして売ってるわけじゃない

ダラ村で最大の銃砲店経営者ウスマン・カーンは、彼の店一軒で月に約四〇〇丁の銃が売れるといった。

売れ筋は散弾銃や狩猟用ライフル銃で一丁が約六〇〇ドル、五・四五ミリ口径のＡＫ「カラコフ」が約八〇〇ドル、ベレッタなどの自動ピストル約一二〇ドルなどだ。スミス＆ウェッソンなどの回転式ピストルも人気があり、これは三〇ドルそこそこで買える。

こうした銃は許可さえあればパキスタンで合法的に所持できる。ウスマンの兄はパキスタン最大の都市カラチで銃砲店を開いており、散弾銃やピストルなどは注文で兄の店に卸している。

ＡＫ47やＭ16などの自動小銃はパキスタンでは所持できない。部族地域のパシュトゥン人向けで、一丁が三〇〇ドルから四〇〇ドルだ。

ウスマンは「こんなのもある」と、黒いボールペンを見せてくれた。軸を回して外すと九ミリのピストル弾が一個入るようになっている。ノック部を引き出すと引き金が起き、クリ

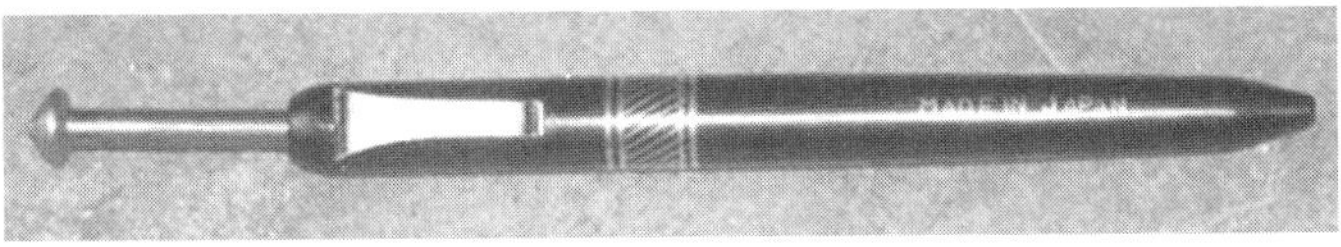

売れ筋の散弾銃を手にしたウスマン。
壁には二〇〇丁の銃がかかっていた［上］
ボールペン銃。
ノック部を引き出し、
クリップを押すと発射される［下］
［いずれもダラ村で。撮影◈著者］

ップを押すと発射される。これは一丁が一〇〇ドルだ。

こんなジェームズ・ボンドみたいな銃をどうやって使うのか。

「相手の頭か心臓に押しつけて撃つ」

そんなことをしたら周囲にばれる。すぐ捕まってしまうではないか。

「そうなんだ。だから実用というより、まあ、おみやげ用だ。遊び仕事だ」

つや出しして高級感のあるボールペン銃の軸には、金文字の英文で「メード・イン・ジャパン」とあった。おみやげ用といっても、部族警察に警護されてダラ村まで来て、こんなものを買っていく観光客がいるのだろうか。

「日本の友人に二、三本買っていかないか。安くする」とウスマンがいった。冗談ではない。

ウスマンは、ダラ村製の銃は「品質が安定しないのが難といえば難」といった。ピール・モハマドの工房でつくられたAKのように素晴らしいものがある一方、ちょっと品質が落ちるものもある。

「といっても、弾倉からの弾の上がりが悪かったり、ボルトの滑りが悪かったりするぐらいだ。暴発事故は聞いたことがない」

それにしても、明らかなニセものを客に売るのはまずいのではないか。

「別に、だまして売るわけではない。本物は六〇〇ドル、ダラ村製は四〇〇ドル。性能はそれほど違わない。うちはその両方を区別して置いている。客がどちらを選ぶかだ」

年間を通じ、どの銃が何丁売れているのだろうか。

ウスマンは「だれに尋ねても分からないだろうな」といった。統計をとっている者がいないのだ。

自分の村の人口さえ、人々は知らない。

「村の集落はあちこちに分散しているから、全体の人口はよく分からない。ここが中心部で、銃工房が約六〇〇軒ある。一軒に三人が働いているとして約二〇〇〇人だろう？　家族を入れて五〇〇〇人ぐらいか」

村人が分かっているのはその辺までだ。

役所がないから住民登録がない。税務署も、商工会議所もない。住民生活の実態をだれも把握していないところで銃がつくられ、売られ、買われていく。その銃がどこに流れていくのか、だれも知らない。

部族地域以外にも出回る

ウスマン・カーンの銃砲店で売れているのは狩猟用のライフルや散弾銃だった。

しかしウスマンの店は村で最大で、「部族地域」以外のカラチなど大都市にも販路を持っている。ダラ村では例外的だ。他の店はどうなのか。

一〇軒ほど先のファーザル・ミール〔四五〕の店では、AKタイプの銃がもっとも売れているといった。間口はウスマンの店の半分、三メートルしかない。その壁といわず天井といわず、びっしりAKが下がっていた。

「うちの客はパシュトゥン人ばかりだ。外部からの客は来ない。彼らはウスマンの店に行く。AKは一丁が四〇〇ドルだが、数が多ければ三〇〇ドルぐらい、ときにはもっとまけることもある」

AK47が月に二〇丁前後売れる。同じくらい売れるのが、22口径の半自動ライフル「カラコフ」だ。一丁が八〇ドルと安いからだろう。次は自動ピストルで、一二〇ドル前後である。ファーザルによると、村内約一〇〇軒の銃砲店のほとんどは間口三メートルの小規模店で、AKが主力商品だという。

AKを買う客のほぼすべてがパシュトゥン人だ。パキスタン国内の「部族地域」に住む人々が多いが、アフガニスタンから買いにくる者も少なくない。検問所を通らず、勝手なところで国境を越えてやって来る。銃を買うと、また国境を越えて持ち帰る。彼らは「パシュトゥン人同士」なのであり、国境など意識していない。パキスタンとかアフガニスタンとか、

ファーザルの店の主力はAK。天井も壁もすべてAKだった
［ダラ村で。撮影◆著者］

「後からできた国家」に対する帰属意識は薄い。

ファーザルが気になることをいった。

「AKを買っていくパキスタン側のパシュトゥン人は、部族地域に住む者だけとはかぎらない」

つまり、パキスタン政府の管理下にある地域に住みながら、非合法の自動小銃を買っていく者がいるというのである。パキスタン政府はそれを知っているのだろうか。

ダラ村での取材を終えて数日後、知人の親類の結婚式に招かれた。ペシャワルの北約一五〇キロ、ヒンドゥークシ山麓のカトランという村だ。カブール川を渡り、車で二時間のところにある。

カトラン村はパシュトゥン人の中のユスフザイ部族が住む。しかし「部族地域」ではなく、警察も役場も北西辺境州の行政下にある。つまり、パキスタン政府の管理下にある村である。

結婚式の披露宴は三日間続き、一日約三〇〇人の客がやってくる。男は男部屋、女は女部屋に集まって結婚を祝う。男部屋に花嫁は姿を見せず、新郎だけが客の応対をする。同様に女部屋で女性客を接待するのは新婦だけで、新郎は中に入れない。

式場は村中心部にある有力者の家だった。男部屋の中庭では、一族の若者たちが大釜で炊き込みご飯をつくっていた。縦三〇センチ横五〇センチ、深さが二〇センチもある長方形の大釜で飯を炊く。ひとつでヒツジ肉の炊き込み飯、ひとつでナツメとチキンの炊き込み飯。女部屋の方とあわせると三〇〇人分あるのだという。

人々はイスラム教徒なので、アルコールは供されない。コーラやジュースが振る舞われるだけだ。

新郎のショアイブ・ユスフザイ〔二八〕はカトラン村の出身で、カラチの英字新聞の編集者をしている。新婦は一五歳なんだといって、彼はしきりに照れていた。

私がカラシニコフ銃の取材で日本からやって来たと知ると、祝い客が周りに集まってきた。

「昔は祝い事があると、爆竹代わりにカラシニコフをバリバリ撃って景気づけをしたものだ。最近はそれができなくなってさびしい」

二二歳、たちまち銃を分解

空に向けて撃つ。当然、弾は落ちてくる。外で遊んでいる子どもたちの頭に当たり、ときどき死者が出る。それで州政府は、祝い事で銃を撃たないように通達を出した。

新郎のショアイブが、結婚式の招待状を持ってきて見せてくれた。なるほど、欄外に「出席者は銃を持ってこないでください」と但し書きがあった。

ということは、みんな自動小銃を持っているというわけだ。州政府もそのことを知っていて、ただ「景気づけに撃つのはまずい」といっているだけなのである。

おかしいじゃないか、部族地域以外では自動小銃の所持は違法のはずだ。私がそういうと、祝い客たちは顔を見合わせてにんまり笑った。

「カラシニコフを見てみたいか」

近所の客の何人かが、振る舞いのご飯を食べている子どもたちを呼び、家から銃を持ってくるよう言いつけた。

子どもたちが持ってきた銃は、AK47が三丁、エンフィールド連発銃が一丁、モーゼル九ミリの自動ピストルが一丁だった。AKは三丁とも中国製のマークが入っている。エンフィールドはダラ村製らしい。いずれもしっとりと油がしみ、十分に手入れされていることが分かる。背負い革や銃床の木部にはビーズ玉や真鍮金具で手の込んだ飾り付けをしてあった。

客が子どもの一人にAKを渡し、分解するようにいった。一二歳ぐらいのその子はたちまち銃を分解し、部品をきちんと床に並べた。時間を計ってみたが、三分ちょっとだ。みごとな手並みだった。

「この地域では男は一五歳で銃を使いこなせるようになる」と客の一人がいった。

村の人口は一万五〇〇〇人、世帯数は約一五〇〇だ。一家族がほぼ一〇人で、成人男性は三~四人いる。そのどの家にも三~四丁の銃があるという。成人男性と同じ数の銃が家々にあることになる。

なぜ銃を持つのかを尋ねた。祝い客が口々に答える。

「宝石が女の価値を高めるように、銃は男の価値を高める。銃は男の宝石だ」

「いい家やいい車が男の甲斐性であるように、いい銃は男に必要なものだ」

「警察に治安を任せられないからだ。自分の家族は自分で守らなければならない」

祝い客の中には地域の警察幹部もいたが、にこにこしながらうなずいている。村にいちばん近い警察署まで一五キロもある。何か事件が起きても、警察がすぐ駆けつけるのは無理なのだ。

隣村のある有力者が州政府の役職に選ばれた。政府役職者が非合法な自動小銃を持っていては具合が悪いと考え、銃をすべて売り払った。その晩のうちに強盗が入り、有り金全部とヒツジを三〇〇頭持っていかれた——。

一人がそんな話をした。みなが「ああ、あいつのことか」と笑う。そんなことをするのは「バカなやつ」であり、嘲笑の対象なのである。

「銃がなければ心配で眠れない」という声も出た。みんなが真剣な表情でうなずく。

北西辺境州の警察本部で、銃器取り締まりを担当するファルーク・アザム大佐［四四］に話を聞いた。

大佐によると、州の人口約二〇〇〇万人に対し、警官は三万六〇〇〇人だという。警官一人あたりの人口は約五六〇人だ。日本では四五〇人程度だから、それほど違わない。しかしパキスタン北部は広大な山地だ。交通の便が悪く、すみずみまで警察の力が届かない。そして賊はかならず銃で武装している。

大佐は、個人的意見だが、と断った上でいった。

「だとしたら、人々が各自に武装して自衛してくれた方が治安は保たれる。カトラン村あたりはパシュトゥン人の地域だ。彼らは伝統を重んじ、長老の権威が行き届いている。秩序が保たれており、銃を持った者が暴走する心配もない」

この州では部族地域ばかりでなく、一般地域の農民もAKで武装している。政府はそれを

AK47を手にする少年［上］

結婚式の披露宴で、AKの品定めをする客［下］［カトラン村で。撮影◆著者］

見て見ぬふりで、規制する気はまったくないようだった。

治安保てぬ政府、自衛する住民

ペシャワルの北西辺境州警察本部の事件簿に、こんな記録がある。

一九九五年、ペシャワル郊外ジャロゼイのアフガン難民キャンプで、タリバーン兵数人と難民が口論となり、銃撃で難民の一人が射殺された。殺された男の妻の通報で、警察の対テロ部隊三五人が出動した。

ジャロゼイ難民キャンプは、ソ連のアフガニスタン侵攻を逃れた難民の施設で、ピーク時には二〇万人が暮らした。ほとんどが、パキスタン側の同族を頼ってきたパシュトゥン人だ。キャンプはジャロゼイの他にも各地にでき、難民の合計は一時、一〇〇万人に上った。

米国とパキスタンは、キャンプの難民に武器を与え、ソ連に対する抵抗闘争を支援した。イスラム原理主義勢力のタリバーンも支援の対象になる。パシュトゥン人とタリバーンの関係はここで生まれた。

できあがったAK銃にニセ刻印を打ち込む
［ダラ村で。撮影◆著者］

ソ連は八九年に撤退したが、ジャロゼイにはいまも一二万五〇〇〇人の難民が住む。戦争で土地や家を失い、帰ろうにも帰れない人々だ。

ソ連の撤退後、アフガニスタンは内戦に突入する。タリバーン兵はパシュトゥン人のルートに乗って国境を勝手に出入りした。アフガニスタンとパキスタンにまたがって住むパシュトゥン人は、検問を通らずに勝手に越境する道を各所に持っている。タリバーンはそれを利用したのだ。パキスタン側にできた難民キャンプは、アフガニスタンを逃れたタリバーン兵の格好の隠れ家になった。武装したタリバーン兵は難民キャンプのあちこちにいたのである。

ジャロゼイのキャンプに突入した警官隊に対し、タリバーン側は銃や手投げ弾はもちろん、対戦車ロケット砲まで持ち出して抵抗する。この攻撃で住民七人が殺された。

警察側もロケット砲で反撃した。しかし難民キャンプの家は泥壁のため、突き抜けるばかりで爆発しない。迫撃砲を撃ち込み、三日かかってやっと掃討した——。

この事件以来、ジャロゼイの難民はタリバーンをかくまわなくなった。しかし同様の事件は各地で起きている。タリバーンは大量の武器をたくわえており、衝突になると住民に多くの被害が出る。

州警察のテロ対策本部長、イクテカルード・ディン中佐〔四四〕は、ジャロゼイ事件のときの現場指揮官だった。

「ソ連のアフガン侵攻のころ加勢にきたアラブ人兵士、ムジャヒディンたちは、そのまま居着いてパシュトゥンの女性と結婚した。その子どもたちがもう二〇歳になる。彼らはパシュトゥー語をしゃべるが、パシュトゥンの伝統的社会や長老指導の秩序に組み込まれることがないため、動向の把握がむずかしい。地縁が薄い彼らは、地域社会の秩序にとらわれない。アルカイダに加わり、オサマ・ビンラディンの周りを固めているのはそうした連中だ」

対テロ部隊は九〇年代にはのべつ出動していたが、このところはわりと平穏だという。

「しかし人々は、武器を持った連中が身近にいることを知っている。政府はそれを抑えきれていない。こわいから自分も銃を持つ。いまダラ村の景気がいいのは、人々のそうした不安が原因だと思う」

英国が植民地支配の都合で引いた国境線のために、パキスタン国家は「統治できない地域」を抱え込んでしまった。そこに住む部族は、アルカイダをかくまったりテロにかかわったりする。年に何万丁もの銃を密造する。しかし政府はそれに手を出せない。無理にやろうとすると、とてつもない反発が返ってくる問題なのだ。

国境素通りのカイバル峠

カイバル峠を車で上った。パキスタンとアフガニスタンの国境地帯にある難関だ。一九世紀、アフガニスタン侵攻の英国軍がパシュトゥン人の待ち伏せ攻撃を受け、手ひどい損害をこうむった峠である。

ペシャワルを出て西に向かうとすぐ「これよりカイバル峠」という掲示板が目に入った。その下に「部族地域」と大きな字で書かれている。峠自体が「部族地域」なのである。通行には州政府の許可が必要で、ダラ村と同様、部族警察が同行しなければならない。峠のペシャワル側の入り口で、黒い民族服の制服の中年警官が一人、同乗してきた。

峠を抜ける道路は、パキスタン側の大都市ペシャワルと、アフガニスタンの首都カブールを結ぶ国際幹線道路だ。にもかかわらず、幹線とはとてもいえない貧弱さだった。路肩がところどころ崩れ、はるか下にカブール川の急流が見える。

古い年式のトラックが貨物を満載し、その悪路をうめきながら上っていく。帰還難民のトラックも交じる。

難民のトラックはすぐ分かる。荷台のいちばん後ろに、家族の数だけ自転車がくくりつけてあるからだ。ベッドや戸棚などの家具が山と積まれ、人々はそのすき間に座っている。荷物の上に、ちょこんと犬がいた。子どもたちに泣いてせがまれ、父親は捨てていくわけにはいかなかったのだろう。

左右から迫る岩山の頂上には英軍時代の砦《とりで》が残り、道路を見下ろしている。部族警察官が「英軍の前はパシュトゥン人の砦だった」と教えてくれた。あんな山の上から待ち伏せ攻撃されたらひとたまりもない。

　ペシャワルを出て一時間足らず、車はカイバル峠の最高点を越えた。標高一〇二九メートルとある。あとは下りだ。渓谷の右手の山腹に、かつて英国が敷設した鉄道の残骸が見える。英国はどこにでもレールを敷いた。インド、ケニア、南ア……。植民者を送り込み、資源を運び出すためだった。

　峠を越えてから一時間、国境の町トルカムに着く。

　パキスタン側の出入国管理事務所にはゲートがあり、旅行者の顔をチェックするカメラ付

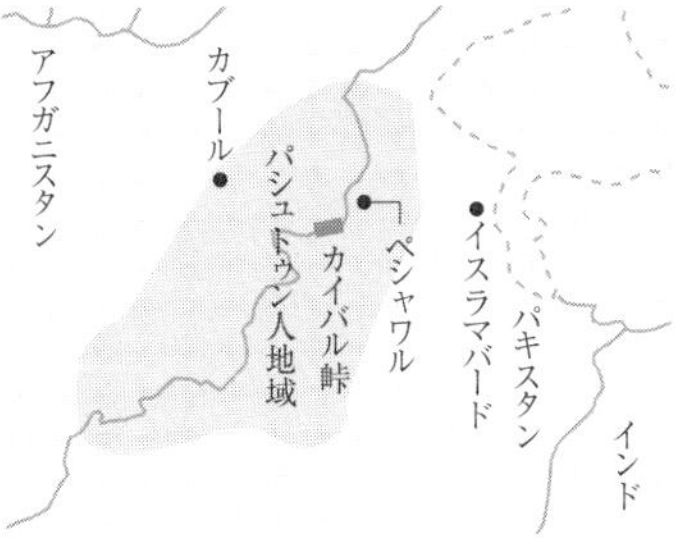

左右からがけが迫り、待ち伏せ攻撃にはもってこいの場所だった［カイバル峠で。撮影◈著者］

きのコンピューターも二台そろっていた。しかしアフガニスタン側の入管は、何のためにあるのか意味不明の施設だった。

道路は舗装がなく、雨で靴が埋まりそうにぬかるんでいた。そのわきに入管の建物がある。一部屋だけのプレハブで、係官がひとり、所在なげに座っている。行列もなく、パスポートを出すとすぐスタンプを押してくれた。

見ていると、他の旅行者は入管に寄らずに通り過ぎていく。ゲートのフェンスはなく、だれも素通りをチェックしない。

このあたりに住む人々はほとんどがパシュトゥン人だ。国境の向こうも言葉が同じで、親戚が住み、用があれば行ったり来たりする。パスポートなど持たない人もいる。検問で通してくれなければ、「ああそうかい」といって、検問がない山道にまわるだけのことだ。海でくっきりと輪郭を区切られた日本とはまったく異なる。国境とか統治とか管理とか、そうした概念からおよそかけ離れた生活がそこにあった。

ダラ村は、そのような「国家の枠を超えた社会」を象徴する存在であるように思えた。

第5章

米軍お墨付き

国軍建設、米軍がAKを配布

アフガニスタンの首都カブール。中心部から約二〇キロほど北西の山裾に、アフガニスタン新国軍の演習場があった。若草が芽吹きはじめた初夏の原野の向こうに、雪をかぶったパグマン山の稜線が浮かんで見える。

演習場は五キロ四方はあるだろう。周りにフェンスなどないから、ヒツジを追う住民が草を求めてときどき入り込む。起伏のあちこちに銃を構えた兵士が立ち、民間人が危険地域に近寄らないよう警戒していた。

丘の斜面に沿って、ベニヤ板に黒い人形《ひとがた》の紙を張りつけた標的が立ててある。それに向かって、二人の新兵が互いに援護しながら突撃する訓練をしていた。一人が数発撃つと、立ち上がって一五メートルほど走る。その間、相棒の兵士が援護射撃する。それを交代で繰り返す。

数カ所で演習しているため、原野のあちこちからパン、パン、パンパンと銃声が響いてくる。まだ連射は許されておらず、銃声は単発音ばかりだ。連射音を聞きなれた耳には、銃声がのどかにさえ聞こえる。

怒鳴りながら兵士を指導する教官は新国軍のアフガニスタン人下士官だ。その後方に米軍の将校たちが立って見守る。腕組みし、真剣な表情だった。

二〇〇一年九月一一日、米国で同時多発テロが起きる。ニューヨークの世界貿易センタービルを中心に、民間人ら三〇七六人が死んだ。

米国は、アフガニスタンに本拠を置くイスラム過激派組織「アルカイダ」の犯行と特定する。アフガニスタンのタリバーン政権に、首謀者オサマ・ビンラディンの身柄引き渡しを要求した。

しかしタリバーンは応じない。米国は同一〇月七日、アフガニスタン攻撃を開始した。一二月七日、最後の拠点カンダハルが陥落し、タリバーン政権は崩壊する。

タリバーン後の力の空白を埋めたのは、アフガニスタン各部族ごとの武装勢力だった。利害はそれぞれに違い、あちこちで紛争が続く。武装勢力は勝手に「軍」を名乗っているが、装備も規律もてんでんばらばらだし、国家より部族のボスに忠誠心を持っており、とても一国の軍隊とはいいがたい。

近代的に組織された新国軍を早急につくらなければならない。そう考えた米軍は、国際社会の協力のもとに、将校三〇〇〇人と下士官・兵六万人の軍隊を新設する計画を立てた。それに基づいて「アフガン国軍訓練センター」が設立されたのである。カブール郊外の演習場は、その訓練センターに所属している。

新兵養成は二〇〇三年五月にスタートした。

リクルートされた新兵はほぼ一〇日ごとに送り込まれてくる。訓練期間は一四週、約三カ月だ。訓練を終えるとすぐ地方師団に配属され、勤務につく。二〇〇五年五月現在で二万四〇〇〇人が訓練を終えた。東部国境に配属された新兵は、すでにタリバーン残党との戦闘に加わっている。

演習場の突撃訓練を終えた新兵が息をはずませている。彼は、実弾演習は今日が初めてです、といった。

訓練期間の一四週のうち、最初の四週は基礎訓練で、行進の仕方や銃の扱い方などの教育だ。実弾を使った訓練は第五週から始まるのである。しかしその新兵は「自分の家には自動小銃が何丁もあり、子どものころから空き缶を撃って遊んでいた。実弾射撃は慣れている」と笑った。

彼の銃は、かなり使い込まれたAK47だった。手にとって見ると、一九七七年ブルガリア製の刻印が入っている。となりの兵士のAKもブルガリア製だ。

教官の軍曹によると、新兵訓練用の銃は中古だが、同期部隊約五〇人の分はひとつの国のものに統一してあるのだという。ブルガリア製のクラスはブルガリア製だけ。中国製なら中

実弾演習をするアフガン新国軍の兵士
［カブール郊外で。撮影◆著者］

国製、ソ連製ならソ連製。ごちゃ混ぜで配布することはないとのことだった。

実弾演習の進行状況について教官は、「彼らは子どものころからAKの扱いに慣れており、まったく問題はない」といった。

それにしても、気になった。

米国にはM16がある。定評のある自動小銃だ。国軍づくりは米軍の主導である。六万丁という大量のM16が売れるビジネスチャンスだ。にもかかわらず米国はなぜM16を使わせず、「敵方」のAKを採用したのだろうか。

ロシア側は不快感示す

アフガン国軍訓練センター司令官のロバート・ジョーンズ米陸軍大佐〔四三〕は「私が決めたわけではないので何ともいえないが」と笑いながら、理由は三つ考えられると教えてくれた。

一、アフガニスタン人はカラシニコフを使いなれている。

一、旧軍はカラシニコフを使っていたので、軍の在庫や回収中古をそのまま使える。

一、何といってもカラシニコフは優れた銃である――。

「M16も優秀な自動小銃だが、掃除をきちんとしていなければならない。AKはそれほど神経質にならなくてもいい。砂ぼこりの多いアフガニスタンにはAKの方が向いている。新国軍の装備にカラシニコフが採用されたことに、私としてはまったく異存がない」

カブールの米軍広報官によると、二〇〇五年四月末現在、アフガニスタン国軍は二万二〇〇〇丁のAKを各地方師団の兵士に配布した。うち一万四〇〇〇丁は旧軍の武器庫にあったもので、いわゆる「新品中古」だ。不足分の八〇〇〇丁はルーマニアから新規に購入した。ルーマニア製AKの価格は一丁二五〇ドルで、総額二〇〇万ドルを支払った。新兵に配布する銃はあと四万丁必要で、それもルーマニアから購入されると見られている。その分の費用は一〇〇〇万ドルだ。

ルーマニアはアフガニスタン復興で米国に積極的に協力している。AKの大量購入は、それに対する報奨の意味があるのかもしれない。

しかしソ連の崩壊後、ルーマニアのAK製造ライセンスは切れたままで更新されていない。ロシア政府や武器会社のイジマシュは、米軍がロシアから純正のカラシニコフ銃を買わず、東欧のライセンス切れコピーを購入していることについて、「知的財産権の侵害」だと不快感を示している。

その点を尋ねると、ジョーンズ司令官はにやりとした。

「ソ連だって、独力でAKを開発したわけじゃない。カラシニコフ氏は、捕獲したドイツの突撃銃を下敷きにＡＫの設計をした。これは歴史的事実で、有名な話だ。とすればロシアもあまり大きなことはいえないはずだ」

第二次大戦末期、ドイツは「シュトゥルム・ゲベール」〔ＳＧ、「突撃銃」の意味〕と呼ぶ画期的な軍用自動小銃を開発した。火薬ガスを利用した自動連射方式で、カラシニコフと同じ原理の小型ライフルだ。しかし全軍に行き渡らないうちに終戦となった。

ロシアはリトアニアのドイツ軍兵器工廠を接収した。そこで開発したばかりの突撃銃を見つける。ソ連軍武器アカデミーは、その突撃銃を下敷きに自動小銃の設計に乗り出すのである。

ＡＫ47は、火薬ガスを銃身上部の小穴からシリンダーに引き込み、ピストンを動かす方式だ。薬莢切れを防ぐために三九ミリと短い薬莢を使っている。ともにドイツの突撃銃のアイディアを借用したものだ。

ジョーンズ司令官は四三歳で大佐である。ずいぶん早い昇進だ。さすがエリート軍人、自動小銃の開発史をよく知っていた。

訓練センターの奥にはプレハブ二階建ての武器庫があり、中古のＡＫ約四〇〇〇丁が保管されていた。旧軍の武装解除で回収したものだ。新兵が演習で使っている銃は、この回収中古のＡＫだった。

武器庫を担当する中年の米軍軍曹は「東独製がないだけで、二〇カ国のＡＫがある」といった。いちばん多いのはエジプト製で、全体の半分近い。ついでソ連、中国、ブルガリア、ル

基礎訓練を終え、初の実弾演習にのぞむ新兵
［カブール郊外の演習場で。撮影◆著者］

ーマニア……。

軍曹は、「自分より年上の銃がある」といいながら、一丁のカラシニコフを見せてくれた。なるほど、「１９５０」と刻印されている。しかし待てよ、横に「五六式」と漢字がある。これは中国製のマークではないか。

中国がＡＫの生産を始めたのは一九五六年だ。だからこそ「五六式」なのだ。一九五〇年の中国製が存在するわけはない。明らかにニセものだ。隣国パキスタンのダラ村製品に違いなかった。

訓練基地内で「よく分かるＡＫ」講座

国軍訓練センターの一角に、支援諸国の将兵の居住区画がある。プレハブ二階建ての簡易アパート風の住宅だが、その区画は「アラモ砦」と呼ばれていた。米兵がつけた名前なのだろう。

そのアラモ砦の食堂で、「よく分かるＡＫ」講座が開かれていた。

受講生は着任したばかりの訓練教官約三〇人で、全員が米軍の軍曹クラスだった。先生はルーマニア軍の少佐である。ルーマニア製のＡＫ74を一丁ずつ配り、それを教材に分解や組み立て、掃除のポイントを説明する。少佐の英語は、生徒の米軍下士官たちよりずっときれいな発音だった。

「ＡＫの特徴はこの重いスライドです。さあ、外してみてください」

食堂のあちこちでガチャリ、ガチャリと金属音がする。使いなれたＭ16自動小銃とはかなり違うためか、ひとしきりがやがやとざわめきが起きる。

受講生の米軍軍曹〔二三〕は「スマートとはいえないが、扱いやすい銃だ」といった。

ルーマニア軍少佐によると、教官としてやってくる米軍将校・下士官のほとんどがカラシニコフに触れるのは初めてだという。米軍が最後に「ＡＫを使う国」と戦争したのは一九九一年、湾岸戦争のイラク以来なのだから無理もない。軍曹たちはそのころ、まだ一〇歳ぐらいだったはずだ。

銃というのはどれも似たような構造で、基礎訓練を受けた軍人ならすぐ使えるようになる、とルーマニア軍少佐はいった。

「しかし、新兵の前で教官がちゃんと使えないのはまずい。兵士にばかにされる」

それが「よく分かるＡＫ」講座を開く理由なのである。訓練教官が交代するたびに開かれている。

国家再建を進める米軍は、アフガニスタン国民にかなり気を配っている。米国製のＭ16を国軍に押しつけなかったのもそのひとつだが、もっとも気を使っているのは「民族」だ。アフガニスタンはさまざまな民族集団の寄り合い所帯なのである。

軍の部隊は民族の人口比にあわせて構成する。新兵を採用する際は、出身民族の長老と、地区行政責任者の双方から推薦文を出させる。「民族と地域の代表」の意識を持たせるためだ。

二〇〇五年の米中央情報局〔CIA〕統計によると、同国約三〇〇〇万の人口のうち、最大の部族はパシュトゥン人で四三パーセント、約一三〇〇万人だ。パキスタンとの国境線をまたいで住む民族で、ダラ村など「部族地域」の人々と同民族の集団である。いまのカルザイ大統領もパシュトゥン人だ。

二番目はタジク人の二七パーセント、約八〇〇万人。北の隣国タジキスタンの人々と同民族で、かつてタリバーン政権と激しく対立した北部同盟の主力だ。

次いでハザラ人の九パーセント、約二七〇万人。ジンギスカンの残置部隊の子孫とされる人々で、西隣のイランとの関係が深い。

さらにウズベク人九パーセント。約二七〇万人。北のウズベキスタン系の人々だ。

このほか、トルクメニスタン系のトルクメン人などがいる。

まったく系統の違うこれらの民族をどう調和させて国家をつくるのか。

ルーマニア軍将校からAKの講習を受ける米軍下士官
［カブール郊外の国軍訓練センターで。撮影◆著者］

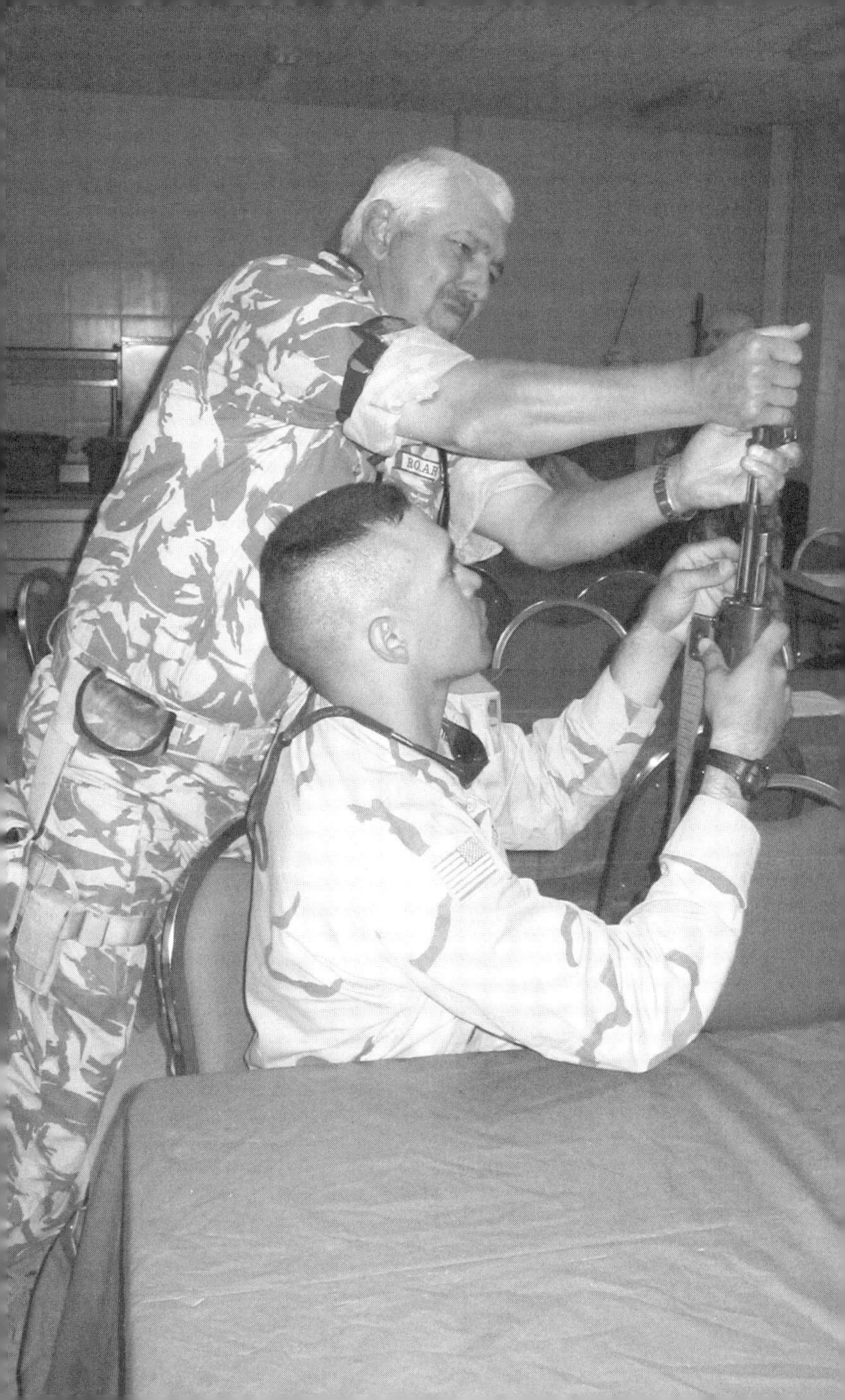

タリバーンのような独裁体制なら、部族主義を力で封じ込めてなんとかひとつにまとめておけるかもしれない。しかし民主主義を掲げる米国にそれはできない。国家再建を目指す上で、もっとも頭の痛い問題なのだ。

覇権主義の「残りカス」的国家

アフガニスタンでは一九八九年のソ連撤退後、権力の座をめぐって内戦に突入する。パシュトゥン、タジク、ハザラなど各民族の有力者が、それぞれの武装勢力を率いて戦った。九四年、そこにイスラム神学生を中心とした武装勢力タリバーンが現れた。彼らは組織的な軍事行動をとり、てんでんばらばらの軍閥集団を圧倒する。カンダハル制圧を手はじめに、四年後の九八年にはほぼ全土を支配下におき、政権を握った。

タリバーン政府は、女性の教育を禁止するなどの過激なイスラム政治体制を敷く。女性に目まで隠すベール「ブルカ」の着用を強制し、音楽や映画を禁止し、宗教暗黒時代となった。オサマ・ビンラディンがアフガニスタンに舞い戻ったのはこのころだ。

二〇〇一年九月一一日、ビンラディンが率いるアルカイダは米国で同時多発テロを引き起こす。米ブッシュ大統領は報復を宣言し、一〇月、攻撃を開始。一二月、タリバーン政権は崩壊した。

乗り込んだ米軍はアフガニスタンを民主国家として生まれ変わらせようとしている。

二〇〇四年、同国で初めての大統領選挙が行われる。パシュトゥン出身のカルザイが選出された。日米欧は同年、復興支援国際会議を結成し、「一〇年後の自立」を目指して再建を支

アフガニスタンは国土の四分の三が険しい山岳地帯だ
［カブール北部で。撮影◆著者］

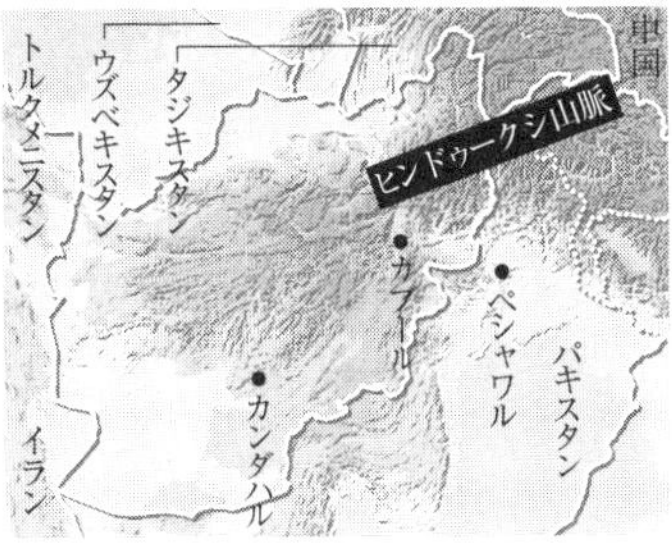

援することを決めた。現在、米軍が中心になり、新しい軍隊や警察の建設が進められている。

しかし、道は険しい。

アフガニスタンは北東から南西にかけてヒンドゥークシ山脈が走り、万年雪をいただく六〇〇〇メートル級の峰々が続く。

国の東にはパシュトゥン人が住む。国境を越えてパキスタンにつながる民族だ。北にはタジク人やウズベク人。タジキスタンやウズベキスタンにつながる。そして中・西部にはトルクメン、ハザラ人。

険しい地形と、それを利用した部族集団の抵抗に妨げられ、東から来た英国も、北からのソ連、西のイランも、この地域を支配下に組み入れることができなかった。周囲の覇権主義者たちが取り込むことをあきらめた「残りカス」の地域、それがアフガニスタンだというのが、もっとも分かりやすい表現かもしれない。

各民族は民族ごとに強いアイデンティティーを持ち、忠誠心は国家より民族に向いている。国家を形成する要素がきわめて弱い地域なのである。

国土の四分の三は山岳地帯である。隣村に行くにも険しい雪の山道を越えなければならないようなところばかりだ。そんな地域では、何か起きてもパトカーなど来てはくれない。「中央国家」は遠く、頼りにならない。人々は自分の生活を自分で守らなければならない。

集落の人々が、集落ごとに武装している。共同体の単位は谷だ。ひとつの谷の武装集落を束ね、指導する「谷の有力者」が出てくる。その結果、谷ごとに武装集団が割拠することになる。国家的な要素はますます希薄になる。

それを米軍は、どうやってひとつの国にするというのだろうか。

就職代わりの軍志願

国軍訓練センターの中央グラウンドわきに、兵士向けの小さな売店がある。コンテナを改造したかんたんな店で、飲み物や駄菓子が並べてある。どれも一個一〇円程度の値段だ。

店の主人によると、いちばん売れているのはコーンアイスだという。一個が約五円だ。

「昼間はみんなアイスしか買わないね」

夕方の売店前には、訓練を終えた兵士が集まっていた。コーンアイスをなめている兵士に、なぜ軍を志願したのか尋ねてみた。

ラフィウラー〔一九、パシュトゥン人〕。「アフガニスタンでは戦乱が続き、治安が崩壊している。国家には治安がもっとも重要だと思ったから。父も、それはいいことだといってくれた」

ファルーク〔二〇、タジク人〕。「これまで内戦ばかりで国がなかった。自分の国がほしい。それには国の軍隊が必要だと思った。他の部族の若者たちといっしょに暮らすのは初めてだが、すごく楽しい」——

建前論が多い中で、本音をもらす者もいた。

ナスラディーン〔二〇、パシュトゥン人〕。「父に行けといわれた。六人兄妹の末っ子で、ほかに職がなかったから。採用されたときはとてもうれしかった」

長い戦争の後で、アフガニスタンでは若者の働き場がほとんどない。官庁の課長クラスが月給約五〇ドルというこの国で、衣食住つきで月に一五〇ドル支給される軍は、大きな魅力なのである。

訓練センター本部では、三カ月の訓練を終えて初休暇をとる兵士が行列し、給料の支払いを受けていた。

訓練期間の兵士は給料が安い。それでも三カ月分で約二二〇ドルだ。現地通貨で一万一五〇アフガニ。札束は厚みがあり、受け取って母印を押す若者たちの頰はゆるみっぱなしだった。

一五日間の初休暇を終えると前線部隊に配属される。カブール、北部、南部、西部、東部の五個師団のどこかに入る。

新兵の中に、二六歳とやや高齢の若者がいた。ゴラム・アリ。北部マザリシャリフ出身のハザラ人だ。七人兄妹の三番目だといった。

一九八五年、ソ連軍とゲリラ側の戦闘が激化し、一家でイランに逃れた。イスファハンの難民キャンプで中学を終え、卒業後はキャンプ近くの建設現場で働いた。

二〇〇四年一〇月、結婚した。妻のザハラは一九歳で、やはりマザリシャリフ出身のハザラ人難民の子だ。イスファハンのキャンプで生まれた難民二世だった。

結婚して一週間後に帰還が決まった。両親や兄妹とともに、二〇年ぶりの故国に帰る。妻にとっては初めての祖国だった。

自分の家だったところには他人が住んでいた。そこはあきらめ、政府に支給された土地に移った。れんがで二部屋の家を建て、両親と弟二人、それにゴラムと妻の六人が住んだ。他の兄妹は結婚して外に出ていた。

売店で人気のコーンアイスを手にする新兵たち
［カブール郊外で。撮影◆著者］

帰国してから、マザリシャリフの市場の露店で、兄たちとともに携帯電話のプリペイドカードの売り子をした。稼ぎはわずかだった。このままではどうしようもない。焦りを感じていたとき、新聞で新兵募集の広告を見つけた。文面ははっきり覚えている。

「新兵募集——ひとつの国をつくろう、新しいわれわれの国を！」

両親は反対だった。結婚したばかりだったし、自分たちも心細かったのだろう。「行くな、ここにいて兄たちといっしょに露店をやっていれば食えるだろう」と引き止められた。しかし、ゴラムの閉塞感の方が強かった。親は「好きにすればいい」とあきらめた。

「妻に収入があったので、両親は妻に任せることにした」

妻ザハラはイランで高校まで行き、建築設計士の資格を得ていた。そのため帰還後は外国のＮＧＯに雇われ、女性識字学級の教師として月に約一〇〇ドルの収入があった。

「軍に行こうと思うがどうだろうかと尋ねた。妻は、あなたが決めることです、といってくれた」

民族超えて寝食ともに

妻の了解を得たゴラムは二〇〇五年四月一〇日、マザリシャリフの軍事務所に出頭した。

身体検査を受け、即日採用となる。二五日、他の志願者とともにバスでカブールに送られ、国軍訓練センターに入営した。

同期生は四〇人で、パシュトゥン人もタジク人もいた。パシュトゥンが半分、タジクが二、三割だった。人口比とほぼ同じだ。

「他の民族の人間といっしょに暮らすのは初めての経験だった。軍隊内ではダリ語を使うことになっており、これはわれわれハザラの言葉なのでありがたかった」

ダリ語はペルシャ語方言で、パシュトゥー語と並ぶアフガニスタンの主要言語だ。二つと

「軍の中で民族の対立やいじめはない」と語るゴラムだが……
［カブール郊外で。撮影◆著者］

も公用語となっている。

兵営は二〇人一室で二段ベッドだった。食堂は八〇〇人が一度に座れる大ホールで、新兵たちはみないっしょに食べる。

ゴラムは、民族間のいじめや対立などは経験していないといった。

「軍に入って最初に仲良くなったのは、同じハザラの人間ではなく、兵営のベッド仲間だった。自分のベッドの前後左右の仲間だ。今もいちばん仲がいい」

「ベッド仲間」は六人で、うち三人がパシュトゥン人、二人がタジク人だ。夜の消灯後、ベッドで「腹が空いたな」とつぶやくと、誰からともなくビスケットがまわってきたりする。

「自分は年齢が上だし、結婚もしている。それで気を使ってくれているのかもしれないが……」

日課にはすぐ慣れた。

午前四時起床。ベッドを直し、メッカに向かって礼拝。掃除をすませる。

五時半、食堂で朝食。スープとサラダ、ナン［平パン］、スモークチキン。

六時、武器庫前に整列。点呼を受け、銃を受け取る。

六時半、隊列を組み、大声で隊歌を歌いながら演習場まで行進。約五キロ。

昼食は演習場で食べる。携行食糧ではなく、かまどを使って給食当番がつくる。肉煮込みと炒め飯、ナン。当番は交代で、二週に一回ほどまわってくる。

午後三時、演習終了。朝と同様、隊列を組んで帰営。銃の清掃に一〇分。整列、点呼を受け、銃を返納する。

四時半、グラウンドで分列行進の訓練。足を上げたところでいったん静止し、それからゆっくり前に踏み出す歩き方で、「ロシア行進」と呼ばれる。これをみっちり一時間。腰やももが痛くなり、訓練の中でもっともきついと思う。

七時半、夕食。アルミのトレーに四つの区分があり、羊の野菜煮込み、豆のスープ、肉入りピラフ、ナンが入っている。ナンは何枚でもお代わり自由。これにジュースかコーラがつく。食費は支援国の拠出金でまかなわれている。

食事が不足だと感じたことは一度もないといった。

「自分の身長は一七五センチだが、軍に入る前、体重は五八キロしかなかった。しかし今は六三キロある。一カ月ちょっとで五キロもふとった」

食後は自由時間。妻に電話するのが楽しみだ。

当番下士官の携帯電話を一分約五円で借りて妻の携帯を呼び出し、すぐかけ直してもらう。両親の様子を聞き、元気にしていること、体重がまた増えたことなどを伝える。

「現場部隊に配属になったら、妻を呼び寄せようと思っている」

午後九時、消灯。

「怖くて引き金引けず」

新兵は、一カ月の基礎訓練が終わると実弾演習が始まる。

ゴラムは、初の実弾演習のときAKの引き金を引けなかった。

「怖くてだめだった。教官に叱られてやっと引いたが、心臓がどきどきして、しばらく気分が悪かった」

アフガニスタンの若者だったら子どものころからAKに触れており、銃の扱いには慣れている。戦争の道具というより、どの家にもある日用の道具というイメージだ。しかしゴラムは六歳のときイランに移り、以後二〇年の難民生活を送っている。銃に触る機会がなかった。銃は「人を殺す道具」であり、特殊なものであるという感覚が抜けなかった。

「難民キャンプは銃がなくても安全だった。キャンプの方が母国よりずっと治安がよかった」

もちろん今は平気で銃を使えるし、射撃の成績はクラスでもトップクラスだ。

軍服や靴など装備品を支給される新兵
［カブール郊外の国軍訓練センターで。撮影◆著者］

ゴラムは職業軍人になるつもりだ。今のアフガニスタンで帰還難民に職はない。軍をやめたら、露店のプリペイドカード売りに逆戻りだ。そうはなりたくない。将校にはなれなくてもいい、下士官になれれば十分だと思っている。

訓練を終えて現場部隊に配属されると、兵士で一五〇ドル、下士官で三〇〇ドル、将校で五〇〇ドル超の給料が出る。官庁の課長クラスで五〇ドルがふつうのこの国では大変な高収入だ。米軍が国軍の育成にいかに力を入れているかが分かる。

兵士が身につける装備品も、外国の支援のおかげで格段にいい。軍服は九サイズある。靴は長さと幅の組み合わせで二〇サイズもそろっている。「兵士にとって靴は大切ですからね」と支給係の米兵がいった。

軍靴と別に訓練時用のスニーカーまであり、新兵が支給される装備はすべてで二〇品目に及ぶ。パキスタンやトルコ、中国など支援九カ国から贈られた新品ばかりだ。

訓練センターの装備担当は米軍の女性将校だった。「パキスタン製の服や靴に当たると、新兵の間でブーイングが起きるんです」と彼女は笑う。アフガニスタンでパキスタンは好かれていないということもあるが、九カ国の製品のうちでパキスタン製品の質がもっともよくないということらしい。兵士は、貧しい民間人には許されない「ぜいたく」ができるのである。

ゴラムは難民生活のつらさを経験した。だからこそ、国の治安を守る必要性を強く感じているという。

「軍隊は昔もあったという人がいる。しかしそれは軍閥指導者の私的な軍隊だ。国をつくるには、国の軍隊が必要だ」

アフガニスタン戦争後、「ＤＤＲ」という計画が採用された。旧軍閥を解体し、新しく国軍をつくるために考え出された方法だ。

Disarmament〔武装解除〕

Demobilization〔動員解除〕

Reintegration〔社会復帰〕

その三つの頭文字がＤＤＲだ。軍閥の私兵軍団を武装解除して武器を回収し、兵士を除隊させ、社会生活に戻れるよう教育する。そのための計画である。アフガニスタン以外でも、内戦後のリベリアやシエラレオネ、ソマリアなどで国連が中心になって行ってきた。

戦車や装甲車もぞろぞろ

アフガニスタンのＤＤＲは二〇〇三年一〇月から始まり、支援諸国が一億五〇〇〇万ドルを拠出した。日本はその約三分の二にあたる九三〇〇万ドルを負担している。計画は二〇〇五年七月に終了した。

計画担当の米国際開発局［USAID］職員リチャード・スカースによると、スタート当時は大変な混乱だったという。

「最初は、武器と交換でひとりに二〇〇ドルの現金を渡した。それが大失敗だった。二つの大きな問題が生じた」

ひとつはニセ銃問題だ。物価の安いアフガニスタンで二〇〇ドルは大金だ。それを目当てに、ニセ銃を持ち込む者が続出したのである。壊れて使えない銃、大昔のさびついた単発銃などだ。パキスタンのダラ村で八〇ドルの「カラコフ」を買い、それを持ち込んで二〇〇ドルをせしめる知恵者もいた。本命の「使えるAK47」はちっとも出てこなかった。

もうひとつはピンハネ問題である。軍閥部隊の指揮官が兵士に古い銃を提出させ、二〇〇ドルをピンハネするのである。兵士はまた部隊に戻ってしまう。

スカースは「パイロット・プロジェクトとして半年のテスト期間をとっておいた。おかげで助かった」という。

テスト期間が終わって二〇〇四年四月から第一期プロジェクトが始まった。そこでは武器と引き換えに現金を渡すやり方をあらためる。武器を持ってきた兵士に職業訓練を受けさせ、あたらしく仕事を始めるのに必要な設備一二〇〇ドル分を、現金でなくモノで渡す仕組みに変えた。

たとえば、社会復帰で養鶏をやりたいという兵士に一カ月の技術訓練をする。終わると種

軍閥の武装解除で回収されたAK
[カブール郊外の国軍訓練センターで。撮影◆著者]

卵二〇〇個、飼料、ワクチン、鶏舎用の建材を現物で供与する、というやり方だ。

自動車修理であれば、工具とパンク修理のセットなどを渡す。畜産ならヒツジの子、ワクチン、飼料など。ほかに農業や園芸、大工、電気工などの職種がある。

この方式に変えてやっと成果が上がるようになった。

DDRは二〇〇五年七月、第四期プロジェクトを終えて終了した。六万六〇〇〇人の軍閥兵士が武器を返還し、社会に復帰した。

返還された武器は、自動小銃やピストルなどの小型武器が二万四三九〇丁、砲や機関銃などの重火器が九〇八五丁だった。

戦車や装甲車も二〇両以上出てきた。ソ連が撤退の時に放棄していったものを、部族軍団が使っていたのだ。

返還された武器は米軍が廃棄し、使用可能なものは新国軍に渡した。これまで、四〇〇〇丁を超えるAKが引き渡された。

国軍訓練センターには返還武器の倉庫がある。そこに毎日、一〇〇丁前後のAKが運び込まれてくる。軍曹クラスの米軍下士官が一丁ずつ手に取り、ボルトハンドルを引き、使えるかどうかを確かめる。

使えるものはアフガニスタン人の当番兵に渡す。彼らが油を塗り、倉庫にしまう。倉庫の銃架にはそうした「中古」の銃がびっしり並んでいる。新兵の訓練に使われる銃だ。

しかし、六万六〇〇〇人のＤＤＲで万事うまくいくほど事態は単純ではなかった。

無視された武装解除計画

「銃を渡すな！」

「武装解除などに応じるな！」

「パシュトゥン人の独裁を許すな！」

首都カブールから北五〇キロ、パンジシール渓谷の町。モスクの金曜礼拝で、宗教指導者の説教が激しく響いた。

町はタジク人地域で、ファヒム元副大統領兼国防相の出身地だ。「第一師団」と呼ばれるファヒム子飼いの精強私兵軍団の本拠でもある。

パシュトゥン出身の指導者カルザイは、タリバーン勢力と対抗する上で、タジク系の北部同盟と手を握った。北部同盟の有力指導者ファヒムをナンバー2のポストにつけ、その支持を受けて二〇〇二年、移行政権の大統領に選出される。

軍閥の総勢力は約一〇万人だった。カルザイは大統領になると、ＤＤＲでその武装解除を進める。軍閥が蓄えている力をそぎ、アフガニスタンという国に忠誠を誓う軍隊をつくりだすのがねらいだった。新政府を「北部同盟政府」ではなく、「オールアフガニスタン政府」にしなければならなかったからだ。

ＤＤＲの初期、ファヒムは武装解除に消極的だった。いらだった米軍はカルザイに「これでは国際社会が国家再建を支援してくれない」と圧力をかけ、ファヒムにいうことを聞かせるよう求める。カルザイはそうした米軍の力を背景に、ファヒムに協力を受け入れさせた。

ファヒムが号令をかけたため北部同盟諸派が協力の方向に傾き、ＤＤＲは急速に進展する。二〇〇五年七月までに六万六〇〇〇人が武装解除に応じた。そのうち四五パーセント、三万

重火器の訓練を受ける下士官候補生。ほとんどが軍閥の元兵士だ
［カブール郊外の国軍訓練センターで。撮影◆著者］

人が北部同盟系で、タジク人の兵士だった。

北部同盟系軍閥の主力が解体されたと見たカルザイは二〇〇四年一〇月、初の大統領選挙で勝利すると、ファヒムを政権から排除してしまった。

タジク人は激怒した。「銃を渡すな！」のアジ説教は、そうした経緯の中で出てきたものだった。

もともと「谷ごとに武装勢力あり」の国であり、互いに小競り合いをくり返してきた。タリバーンという共通の敵が出現したために、一時期その各勢力が団結しただけなのである。

タリバーンが消滅したいま、また軍閥同士の紛争が再燃するのはまずい。カルザイがDDRを強引に推し進めた最大の理由はそこにある。

しかし少数派はカルザイに不信感を持ち、「多数パシュトゥン人の独裁」を懸念する。DDRは終了したとされるが、第一師団四七〇〇人は武装したままだ。一万二〇〇〇丁の重火器、小火器を持ち、いまだ戦車や装甲車を保有している。

首都から五〇キロのところに、政府に強い不満を持つ大武装勢力がいる。それを解体できずに国家といえるのだろうか。

新兵のゴラムは「新しい国軍兵士に民族対立はない」といった。しかし、彼らの部隊がパンジシール渓谷の第一師団制圧を命ぜられたら、タジク人兵士はどう対応するのだろうか。

アフガニスタンの人々が国家以上に忠誠心をささげる対象、それが民族だ。その問題が解決されないかぎり、国家や国軍の建設はやっかいな作業なのである。

治安に不安、手放せぬ銃

カブールの郊外にマクレアンと呼ばれる大団地がある。ソ連支配の一九八〇年代、おもに政府職員の住宅用に建設された。鉄筋づくりのビル約三〇〇棟が並び、一棟平均一二〇世帯、総計一〇万人以上が住む。

そのマクレアン団地の一部屋で、民放テレビ設立会社役員のアミン・アハマド〔四四〕はいった。

「カブールでは六〇万人の民間人が銃を持っている。一七〇万人口の約四分の一、つまり成人男子の数とほぼ同じ数だ。もちろん、私も持っている」

アミンはタジク人だ。タリバーンと戦った北部同盟の元軍人で、二〇〇四年まで北部同盟政府の広報官をつとめる。ファヒム副大統領がカルザイ政権から外されたとき、いっしょに政府をやめた。パシュトゥン人のカルザイ大統領には強い不信感を持つ。現在は仲間と民営テレビ局を立ち上げる会社を設立し、毎日いそがしく走り回っている。

彼は立ち上がると居間の洋服だんすの奥からAK47を取り出し、見せてくれた。ブルガリアのマークと旧ソ連のツーラ武器工廠のマークの両方が入っている。ツーラでつくった部品をブルガリアで組み立てた、という表示だ。かなり古いがきちんと手入れされている。弾倉には三〇発の弾丸が入っており、すぐ撃てる状態だった。

「弾丸はここに入っているだけだ。自衛のための銃で、戦争をやらかすわけじゃない。三〇発あれば十分だろう」

カブールでは最近、銃を使った犯罪が増えている。警官は不足し、事件があってもすぐ来てはくれない。家には妻〔三八〕と、一四歳の長女を頭に五歳の次男まで五人の小さい子どもがいる。今の状態では、自分の家族は自分で守るしかないと思っている。

「私の部屋の上下の階は借家で、住んでいる人の身元が分からない。信用できない以上は警戒しなければならない」

民間人が銃を持つのは違法だ。しかしアミンは、実名入りで記事にしてかまわないといった。

「民間に六〇万丁の銃があることを、政府は知っている。それでいて何の対策もとられていない。旧軍閥を対象にしたDDRが行われているだけだ」

ということは、民間は自衛のためしばらく銃を持っていてほしいということだ。彼は勝手にそう理解している。

民間の銃所持は違法だが、アミンはAK47を洋服だんすに隠していた
〔カブールで。撮影◆著者〕

「新聞に名前が出て罰せられることはないと思う。むしろ、あの家には銃があるといううわさが広まれば、それだけわが家が襲われる可能性は低くなり、安全性が高まる。写真？　かまわない、撮ってくれ」

タリバーンは消滅したわけではないとアミンはいう。

「この団地にも元タリバーンの人間が何人かいる。中には政府で働いている者もいる。彼らは息をひそめて時を待っているだけだ」

二〇〇五年六月一日、南部の都市カンダハルで政府の建物にタリバーンが爆弾テロをしかけ、警察幹部ら二〇人以上が死亡する事件が起きた。その日、カブール中の本屋でコーランが売り切れたという。

「人々は、またタリバーンの時代が来るかもしれないと恐れたんだ。彼らの前では信心深いふりをしなければならない。片手に銃を持って自衛し、片手にコーランを持ってタリバーンに媚《こび》を売る。みっともないが、身の安全のためなんだ」

タリバーンの武装グループの多くはパキスタンの部族地域にひそんでいる。国境を越えてテロをしかけ、追われるとパキスタン側に逃げ込む。政府にも米軍にも手の出しようがない。米軍がいなくなればタリバーンは息を吹きかえし、大手を振って戻ってくるだろう。部族対立が再燃するかもしれない。将来の安全を楽観している国民は一人もいない。

「みんなが不安を抱いている。人々を安心させるためには、これからもずっといるから心配するな、と米軍がはっきりいうべきなんだ」

明るさの陰に荒れる治安

タリバーンの宗教独裁の時代、アフガニスタン社会は暗黒だった。飲酒禁止どころの話ではない。映画は「偶像」だからだめ。音楽は「信仰を妨げる」から禁止。女子は学校に行くべからず。女医の存在は許されず、男性医師が女性の患者を診察するときはカーテン越しでなければならない。人々は宗教警察の目をうかがい、息をひそめて暮らしていた。

米軍の侵攻でタリバーンが崩壊し、町に明るさが戻った。

カブール中心部のバザールでは、顔を出して歩く若い女性が目立つようになった。タリバーン時代、女性にはブルカ以外の服装は許されなかった。頭からくるぶしまですっぽり覆い、目も隠してしまうスタイルのベールである。

ブラジャーとパンティーだけのマネキンを店頭に置いた婦人服店もあらわれた。バザールの雑踏の中でさすがに目立つ。店主は「またタリバーン政権になったら、私は間違いなく死刑だ」と笑う。

タリバーンのころ、婦人服店はブルカしか置いていなかった。色とサイズの種類があっただけだ。マネキンは「偶像」だから許されなかった。店主によると、長い間おしゃれを禁じられてきた反動で、品数の多い婦人服店はかなり売れ行きがいいという。

「今は自由だ。人々が自分の好きなものを自由に売り買いできる。そういう社会がいい社会なんだ」

だが、タリバーンの締めつけがなくなった分、治安は悪くなった。ほとんどが銃を使った犯罪だ。

二〇〇五年五月、カブールの東四〇キロのタンギ村で、AKやピストル、手投げ弾などで武装した五人組のギャングが集落の八軒を襲い、現金や衣類、雑貨を奪って車で逃走した。警察が聞き込みを続けて犯人グループを突き止め、犯人の一家を包囲した。犯人側が発砲したため銃撃戦となり、全員を射殺した。家からはAK47が二丁と実弾一二三発、手投げ弾二個、ピストル一丁、迷彩服などのほか、アヘン二〇グラムが見つかった。

内務省広報室によると、人口二七〇万人のカブールで、二〇〇四年四月から二〇〇五年三月までの一年間に一八四件の殺人事件が起きている。人口一〇万人あたりだと六・八件となり、日本の約一・一件と比べると六倍以上だ。

現在、ドイツが中心になって新しい国家警察を育成している。武器は旧警察のもののほか、チェコ政府からAKやピストルを寄贈された。これまで四万人が訓練を終え、実地配備についた。タンギ村事件の解決は、新警察の最初の大きなお手柄だった。

ブルカをはずした女性の姿が目立つようになった
［カブール市内のバザールで。撮影◆著者］

広報室長のモハメド・ラサ大佐によると、新警察の規模は最終的に六万二〇〇〇人になるという。

「それだけあれば、日常的には十分に対応できる。大きな事件が起きたら軍に応援してもらう」

カブールの町を歩くと、「ＩＳＡＦ」と書かれた装甲車が目につく。町の路地から路地へと走り回り、子どもたちが手を振りながら追いかける。機関砲の砲座には、迷彩服のヨーロッパ人兵士の顔がのぞく。

ＩＳＡＦは「国際治安支援部隊」の頭文字だ。二〇〇一年一二月の国連安保理決議に基づいて派遣された。北大西洋条約機構〔ＮＡＴＯ〕の指揮のもと、カナダやドイツ、トルコなど三六カ国の軍から八四〇〇人が参加し、国家警察の育成が終わるまでの期間、治安の維持に当たる。

対象地域は、当初はカブール周辺だけだった。その後、同国北部、西部地域での活動も始まった。治安維持といっても、いかつい装甲車の常時巡回を印象づけて犯罪者に脅威を与えることが主な活動で、犯罪捜査などはしていない。それでもＩＳＡＦがひんぱんにパトロールするカブール市内では、強盗事件などがめっきり減った。

しかしＩＳＡＦのパトロールがない郊外の住宅地域で、犯罪は逆に増加傾向だ。また国の北部、西部地域は人口密度が低い上に高い山地にさえぎられ、パトロールしても効果は薄い。

マクレアン団地に住む運輸省技術課長のアブドル・ラティフ〔五〇〕は二〇〇五年三月、自宅を強盗に襲われた。彼は「国家警察ができても頼りにならない。ＩＳＡＦにはずっと残ってほしい」といった。市民が外国の軍隊の永続的な駐留を望むほど、治安への不安は高まっている。

子らに銃口、風呂場に閉じこめ

アブドルは二〇〇五年三月二〇日午前七時半すぎ、いつものように妻と団地の家を出て勤め先に向かった。

妻はカブール中心部の幼児教育の欧米ＮＧＯに勤めている。団地の前のバス停で、自分は運輸省の送迎マイクロバス、妻はＮＧＯのバスに乗った。

家には小学六年の長男ワイス〔一三〕と次男スレイマン〔三〕が残った。小学校は二部制で午前が女子、午後が男子に分かれている。ワイスは午後のクラスだ。ワイスが学校に行くとき、スレイマンを途中の保育園に連れて行く。

ワイスの上には二二歳の長女、高校生の次女〔一八〕、三女〔一七〕がいる。しかし長女は二年前に結婚してロンドンに住んでいる。高校生の次女と三女は早朝に学校にでかけていった。

アブドルは午前八時四五分に役所の自室に着いた。ドアを開けると電話が鳴っていた。取ると、ワイスの声がした。「お父さん、すぐ帰ってきて！」。あとは泣き声だ。あわててタクシーを拾って自宅に急いだ。

ドアを開けると、ワイスとスレイマンが抱き合って泣いていた。引き出しという引き出しが床に散乱し、家の中はめちゃめちゃだ。強盗に入られたことはひと目で分かった。

ベッドの下に隠しておいた金庫がなくなっていた。金庫には、一〇年かかってためた米ドル五〇〇〇ドルと、二〇〇〇ドル分のパキスタンルピーが入れてあった。携帯電話や妻のバッグ、金のネックレスなどの装飾品も奪われた。

ワイスによると、両親が出かけた直後にドアのチャイムが鳴った。のぞき窓で見ると男が立っており、宅配便だという。両親がいないので開けられないというと、男は封筒を見せた。差出人はロンドンの長女の名前になっている。信用してドアを開けた。

男は入ってくると「水を一杯くれ」といった。台所に水をくみに行っている間に、別の男が三人、家に入ってきた。そのうちの一人がポケットからピストルを出し、兄弟を小突きながらバスルームに閉じこめ、「出てきたら殺すぞ」といった。家の中をかき回す音がし始めた。

三〇分ほどすると玄関のドアが閉まる音がし、静かになった。怖かったが、そっと風呂場のドアを開けた。誰もいなかった。隣の家まで行って電話を借り、父の役所に電話した——。

「僕は兄なので、スレイマンの前で泣いちゃいけないと思った。でも、怖かった。殺されると思った。怖くて怖くて、ガタガタふるえて止まらなかった。お父さんが帰るまで、二人で泣いていた」

アブドルがタクシーで自宅に戻ったのは午前九時四五分だ。すぐ警察に通報したが、警察が到着したのは正午前だった。

「警官は私に、犯人は誰だと思うかと尋ねるんだ。頭にきて、それを調べるのがあんた方の仕

「こんなことが続くなら、私も銃を持つ」と語るアブドル。長男のワイス［右］と次男のスレイマン［撮影◈著者］

事だろうと怒鳴ってしまった」

アブドルの連絡で帰宅した妻は、家の中の様子を見て気を失った。それきり、NGOの仕事をやめた。

盗まれた携帯に電話すると、今でもだれか出てくる。それを手がかりに捜査できるはずだと思う。しかしその後、警察からは何の連絡もない。

農作業もAK背負って

アブドルが奪われた七〇〇〇ドル分の現金は、彼の給料の一〇年分以上に相当する大金だ。

「それでも、カネで済んでよかったとつくづく思う。子どもたちに何かあったら、私の人生は意味のないものになっていた」

アブドルはカブール生まれのタジク人だ。市内の高校を出て、車両技師として運輸省にはいった。

一九九六年、タリバーン政権に運輸省を追われた。職がなくなり、親類を頼ってパキスタンに移る。イスラマバードで不動産屋に勤めた。タリバーン崩壊後の二〇〇二年に帰国し、運輸省に復職した。

カブールを留守にしている間、知人にマクレアン団地の自宅を貸した。３ＬＤＫで月家賃二〇〇ドル。今回奪われたのは、その家賃の米ドルと、パキスタンの不動産屋時代の給料をためたものだった。

運輸省の給料は約五〇ドルだ。幼児教育のＮＧＯで働く妻の給料は二〇〇ドルだった。妻は事件で仕事をやめた。虎の子の蓄えも失って、一家は当面、アブドルの給料五〇ドル分だけで生活していかなければならない。

アブドルが住むマクレアン団地は、ソ連時代の一九八〇年代につくられた巨大アパート群だ。約三〇〇棟あり、一〇万人以上が住んでいる。外国人も多い。

「昔は警備がきちんとしており、玄関ホールには夜も警官がいた。ところがいま、団地を歩いても警官の姿を見ることがない。だれも警備をしないから、自転車泥棒なんか毎日起きる。だれも自転車を玄関ホールに置かず、階段で自室まで運びあげている」

国民生活の安全を守るのが政府の仕事のはずだ、とアブドルはいう。しかし、治安はがたがたで警察は頼りにならない。ＮＡＴＯが主導する治安支援部隊ＩＳＡＦも、マクレアン団地までは入ってこない。そのため団地の中でも、元北部同盟政府広報官のアミン・アハマドのように、自衛のため銃を持つ住民が増えている。

「こんな状態が続くなら、私も銃で自衛することを考えなければならない。みんながそう考えれば、この国は銃であふれることになる。銃は国家だけが持つべきなんだ。一人ひとりが自分で自分の安全を守らなければならない国なんて、おかしいじゃないか。そんな国は国家とはいえない」

カブールから西一五〇キロに、バーミヤンの町がある。岩壁に刻まれた歴史的な大石仏を、偶像であるとしてタリバーンが爆破してしまったところだ。いまは破壊跡ごと世界遺産に指定されている。

カブールからの道は途中で舗装がなくなった。道路は川の浅瀬を走ったり、ガードレールもない崖道をくねくねと上り下りする。雪山の峠をいくつも越える。四駆車でなければとても無理な悪路で、片道一〇時間近くかかった。

何かあっても、警察は間に合わない。住民は自衛しなければならない。バーミヤンに向かう道路沿いの畑で、農民はＡＫを背負ったまま農作業をしていた。

アブドルはいう。

「いつ襲われるか分からないから、人々は武器を持って仕事をする。とうぜん仕事の能率は落ちる。これで社会の生産性が上がるわけがない。国の再建を考えるなら、まず治安を確保すべきだ」

雑貨を売る老人と少年。町に活気は出てきたが、治安はまだまだだ［カブール市内で。撮影◈著者］

政府は、そういう国をつくるために努力しているのだ、だからもう少し待ってくれという。だったら、政府の準備ができるまで米軍がとどまり、われわれを守るべきだ――。

アブドルの意見はアミンと同じだった。

形成できない国民意識

二〇〇五年八月一日　アフガニスタン南部カンダハル近くで国連車両がタリバーン・ゲリラに襲われ、二人が負傷。
八月三日　東部でゲリラが国軍施設を襲い、兵士八人を殺害。
八月四日　東部のパキスタン国境付近で米軍車列が走行中、道路わきの爆弾が爆発、米兵ら三人が死傷。
八月七日　南部でアフガニスタン国軍・米軍の合同部隊がタリバーン・ゲリラの部隊に襲われて交戦。ゲリラ側の八人が死亡――。
八月、アフガニスタンに陸路で入国した広島県の中学教諭二人が殺害される事件が起きた。その八月の最初の一週間だけで、アフガニスタンではゲリラ攻撃が四件あり、米軍、国軍、国連関係者など二〇人以上が死傷した。

パキスタンのペシャワルからカブールに通じる道路は、大幹線なのに舗装すらない［撮影◆著者］

同じ年の六月には、カンダハルの町の真ん中で白昼、警察が入った政府ビルが襲撃され、警官三〇人以上が拉致された。米軍の輸送ヘリが携帯ミサイルで撃墜され、米兵一六人が死亡する事件も、同時期に起きている。

タリバーン政権が崩壊した二〇〇一年一二月以降、ずっとこうした情勢だ。アフガニスタンでは戦争がまだ続いているのである。

タリバーンの残党はパキスタン側の山岳地帯から出撃し、ヒットエンドランで逃げ帰る。追いかける国軍や米軍も、国境の向こうには手が出せない。

タリバーンは内戦時代、一部パシュトゥン人の支援を受けた。その関係はまだ続いており、いまもタリバーンを支援する部族がいる。アルカイダを率いるオサマ・ビンラディンも、パシュトゥン人の庇護をうけてパキスタン側に隠れているとの見方が強い。

ザヒル・シャー国王が統治した一九七三年までの四〇年間、アフガニスタンの治安は安定していた。民族の勢力バランスがとれ、シャーに対する忠誠心もあった。その微妙な安定の上で、中央の権力も相応に機能していたからだ。

しかし、現在は違う。

武装解除に応じないタジク人軍閥がいる。タリバーンに隠れ家を提供するパシュトゥン人集団もある。彼らは、アフガニスタンという国家に対するアイデンティティーより、もっと重要な忠誠心の対象を持っているのだ。

私たち日本人の多くは、「国家」という概念を違和感なく受け入れている。

そこには同じような顔をして同じ言葉を話す人間が住んでいる。国家には「中央」があり、そこから「地方」を通じて「辺境」まで、色の濃淡の同心円でイメージされる。大和《やまと》国家でいえば、色濃い円の中心が近畿にあり、そこから始まる同心円が地方に及び、やがて東北や九州の端々まで行き渡る。そうした国家形成の過程を、私たちはほとんど当然のように理解してしまう。そして自分はその同心円の外ではなく、内部のどこかに位置すると思っている。

しかしアフガニスタンは違う。同心円が三つも四つも、それ以上もあり、それぞれの円の中心が異なるのだ。そうした異質の同心円同士をひとくくりにして、国家を形成しようとしている。同心円の中心――国民意識の核――になるものがないかぎり、それは限りなく困難な作業なのである。

米国は、そうした異質な地域に手を突っ込んでしまった。そして、その地域にはカラシニコフがあふれている。どういう状況になれば米軍は手を引くことができるのか。その青写真は見えてこない。

第6章

拡散する国家

サダムがばらまいたAK

二〇〇三年のイラク戦争でサダム・フセイン政権を倒した米軍は、ただちにイラク再建に乗り出した。まず取りかかったのは新国軍の建設だ。米軍はここでもアフガニスタン国軍建設のときと同様、カラシニコフ自動小銃を制式銃と定めた。

その理由もアフガニスタンのときと同じだった。「イラク人はカラシニコフ銃に慣れており、イラクには大量のカラシニコフの在庫があった」からである。

二〇〇三年三月二〇日未明、米軍はバグダッド周辺のイラク軍施設に対する空爆を開始し、イラク戦争が始まった。

イラク軍の抵抗は小さく、サウジアラビアから侵攻した米軍地上部隊は補給が追いつかないほどのスピードで北上する。四月九日、バグダッド制圧。市中心部にあった大統領サダム・フセインの像が引き倒され、フセイン政権は崩壊した。

私が隣国ヨルダンから陸路バグダッド入りしたのは、その一〇日後だった。アンマンからバグダッドに向かう道路は、米軍の輸送車両の行列ができていた。

バグダッドで報道関係者が定宿にしているのは、都心のパレスタイン・ホテルだ。通信設備が整い、政府情報省から定期的に連絡が入る。NGOからの連絡を掲示するボードもある。世界中の報道各社がそろっているので、お互いの情報交換もできる。だが、私が到着したときは外国報道陣で満員だった。先行の同僚が、チグリス川沿いに一キロほど離れたサフィール・ホテルを押さえておいてくれた。三流のホテルだが、食べものがあったし、シャワーの水が出た。

三階の私の部屋から、市内のあちこちで煙が上がっているのが見えた。

市内を車でまわった。情報省の建物は爆撃で破壊され、真っ黒だ。以前、朝日新聞の支局があったタハリールセンター・ビルも爆撃され、大穴が開いている。穴の奥に炎が見え、なお煙が出ていた。

深夜零時ごろ、至近の銃声で跳び起きた。激しい撃ち合いだ。カーテンを開けると、ホテルの窓の外を曳光弾《えいこうだん》が飛び交っている。道路沿いに撃ち合っているから弾丸は窓と平行して飛んでおり、部屋に弾が飛び込んでくることはない。だが、とても眠っていられるものではない。やがて米軍の戦車が出てきた。ドドドドと機関銃の音がし、それを合図のように撃ち合いはやんだ。

サフィール・ホテル裏手のアパートの中庭が駐車場になっている。そこにベンツやBMWなどの高級車が置かれていた。販売業者が輸入したものの、売り渡す前に戦争が始まって動かせなくなってしまったらしい。

それをねらい、ＡＫで武装した略奪団がやってくる。深夜になると、決まってガードマンとの間で銃撃が始まる。すると周辺の住民もいっせいに銃を撃ち始める。賊が目標を変更して自分の家にやってくるのを防ぐためだ。

米軍の戦車が出てくると賊は退散する。しかし午前三時ごろになるとまたやってきて、同じ騒ぎがくり返される。銃声を気にせずに寝ていられるようになるまで数日かかった。

一九八〇年から八八年まで続いた隣国イランとの戦争で、イラク政府は大量のＡＫを購入した。

売り手はサルキス・ソガナリアンだった。ペルーの大統領側近、ブラディミロ・モンテシノス国家情報部顧問がコロンビア・ゲリラに大量のＡＫをパラシュート投下した事件を、第3章「流動するＡＫ」で紹介した。その事件で銃の売り手だったアルメニア人の大物武器ディーラーだ。

サルキスはイラン・イラク戦争で、双方にカラシニコフを売りまくって有名になった。

イランはシャーの時代、米国製のＭ1やドイツのライセンス生産のＧ3を使っていた。しかしイラクとの消耗戦で生産が追いつかなくなり、サルキスからＡＫを買い付ける。ユーゴスラビアやブルガリアなどの東欧製から中国製、北朝鮮製まで、ごちゃまぜのＡＫだった。

ソ連からライセンスを受けた東欧や中国などの社会主義諸国は、需給バランスなど関係なくＡＫを生産した。そのため大量の在庫が生じる。サルキスはそれを安く買いたたき、長期

シーア派の屋外礼拝を警備する自警団
［二〇〇三年四月、バグダッドのサウラシティーで。撮影◆著者］

の戦争で銃が足りなくなった両国に売ったのだ。

しかしその銃取り引きでサルキスはそれほど大きな利益を得ていない。兵器研究家の床井雅美は、サルキスは別の大きな商売をねらったと見ている。それは、たとえば装甲車だ。

イラン・イラク戦争では装甲車の消耗も激しかった。戦争末期には両国とも数百台単位でサルキスから装甲車を買った。装甲車は一台が一五〇〇万〜二〇〇〇万円だ。その商売をつかむために、カラシニコフという一丁一万円前後の「小物」で両国に武器売買のルートをつくったというのである。

イラクはイランとの戦争末期、ユーゴスラビアなどの援助を受けてAKの国産化をはじめた。イラクでは「タブク自動小銃」と呼ばれている。大量の銃を確保したイラク政府はイラン・イラク戦争中、支配政党バース党の中核党員にそれを配布した。それはやがて下部党員にも及ぶ。戦争は終わったが、「どの家にも銃がある」状態は残った。

フセイン大統領の恐怖政治が続いている間は締め付けが徹底しており、問題はなかった。しかしイラク戦争で政権が崩壊すると、民間のAKは治安悪化の最大の原因となった。銃配布の台帳は失われ、みんなが勝手に売り買いする。だれが銃を持っているのか分からなくなってしまったのだ。

イラクの治安装置を壊したのは米軍である。だがその再建に当初、米軍は何もしなかった。

バグダッド陥落から二週間後に開かれた米軍司令官の記者会見で、治安のひどさについて質問が集中した。司令官は腹立たしげに答えた。

「われわれの任務は戦闘であり、治安維持の命令は受けていない」

米軍を指揮すべき米政府が治安維持のための命令を出していなかったのだ。つまり米国政府は、戦後処理の具体策を持たないまま戦争に突入したのである。

イラク戦争後、いち早く治安を回復したのはイスラム教のシーア派地域だった。モスクを中心に自警団がつくられ、AKで武装した青年たちが、宗教指導者の指示で地域の警備に当たっていた。

「略奪したパトカーや救急車は返還しろ」

「奪った医薬品はモスクに提出しろ」――

そんな指示も守られていた。シーア派という「同心円」の中で、治安維持は機能していたのである。

治安懸念するキリスト教徒

バグダッド市内で大衆レストラン「アルアウエル」を経営するハレド・ブトロス・マンスール〔四五〕は、二〇〇三年三月二〇日のイラク戦争開戦と同時に「しばらく休業」の札を出して店を閉じた。以来一カ月、店内に若い従業員五人と交代で泊まり込み、店を守った。

店内中央のテーブルを倒して円形陣をつくり、その中にマットレスを敷いて陣取った。武器はＡＫ47が二丁。数年前、貧民街サダムシティー〔現サウラシティー〕のヤミ市場で、一丁一〇〇ドルで手に入れた。いつかこんな日が来るような気がして買った銃だった。

市内に米軍が入ってきた四月六日、あちこちで米軍と民兵の撃ち合いが起きた。撃ち合いはすぐやんだが、捜索にきた米兵が入り口の大ガラスを銃床でたたき割り、中をのぞき込んだ。戦争の直接の被害はそれだけだ。問題はその後だった。

フセイン政権が崩壊した四月九日夜から、鉄棒やナイフを持った若者たちが店の周辺をうろつくようになる。明らかに略奪者だった。

一一日深夜、四人の若者がガラスの割れたドアから店内に入ってきた。気づいた従業員の一人が、黙って銃のボルトハンドルを引いた。静かな店内にガチャリと金属音が響く。気づいた四人は「撃つな、違う、おれたちは客だ、店が開いているかどうか見に来ただけだ」と叫びながら、後ずさりして出ていった。

四月二三日、店を再開するまでそんな状態が続いた。

「あのとき撃たずにすんでよかった」とハレドはため息をついた。ハレドはキリスト教徒なのである。

相手が死んだりしたら、たとえ略奪者であっても、家族同士、部族同士の報復合戦が始まる。イラクにはそういう風習が強く残っている。報復合戦になったら、少数派のキリスト教徒にとっては最悪の事態になる。

ハレドは北部モスルで生まれた。一族は昔からのキリスト教徒で、宗派はカトリックだ。トルコ・イスタンブールの教会に先祖の墓があるのを、子どものころ父に連れられて見に行

経営するレストラン「アルアウエル」で話すハレド
［撮影◈著者］

ったことがある。「われわれはイスラム教が生まれる前からのキリスト教徒なんだ。少数派だが、誇りを持っていいことなのだ」と父からいわれた。

代々、モスルで肉屋をしていた。一九八〇年、結婚を機にバグダッドに移り、ヒツジ肉の卸売り会社をつくる。ヒツジ肉を精肉してレストランに卸す会社だ。ハレドは二三歳、妻は一五歳だった。会社は発展し、一〇年後にはスーパーマーケットもつくった。

一九九八年、会社とスーパーを兄弟に渡し、自分は大衆レストランを開く。「アルアウエル」は「ザ・ナンバーワン」という意味のアラビア語だ。カバブが売り物で、テーブルが二〇〇席あり、市内最大の店である。店は朝七時から夜一二時までやっており、従業員は二交代制で六〇人いる。

一族にはいまも食肉産業や食堂経営者が多い。ハレドの長男〔二二〕は、兄弟に譲ったヒツジ肉卸売り会社で修業中だ。次男〔一四〕が高校を出たら「アウアウエル」で働かせる計画を立てている。

イラクの人口は約二五〇〇万人だ。それは人種別に大きく二つに分かれる。八割が国の中・南部に住む約二〇〇〇万人のアラブ人。二割弱が、国の北部に住む五〇〇万人弱のクルド人である。

二〇〇〇万アラブ人は、さらに大きく二つに分かれる。南部のシーア派イスラム教徒が約四分の三の一五〇〇万人、中部バグダッドを中心としたスンニ派が約四分の一の五〇〇万人。

スンニ派はシーア派より少ないが、フセイン大統領時代には主流派だった。

宗教的にはイスラム教が圧倒的だ。人種的に少数派のクルド人も、イスラム教スンニ派だ。アラブ人の中でキリスト教徒は約七〇万人、三パーセント強しかいない。圧倒的な少数派だ。

二〇〇三年四月二三日に店を再開した直後、ハレドに「シーア派支配国家になったら、あなた方キリスト教徒はどうするのか」と尋ねた。シーア派独裁になる恐れはないと思う、という返事だった。

「シーア派指導者自身が、イランみたいな国はつくらないといっている。大体、シーア派もひとつじゃない。宗教独裁になることはない」

それから二年が過ぎた。二〇〇五年末に行われた総選挙で、シーア派は多党乱立がたたり、単独での過半数はとれなかった。ハレドのいう通りだった。にもかかわらず、ハレドに電話すると「バグダッドでの暮らしはあきらめた」といった。

シーア派に対するスンニ派過激グループのテロが連日続き、人々はレストランに入らなくなった。人の大勢集まるモスクやレストランが、爆弾テロの対象になったからだ。店が大きいだけ、赤字がふくらむようになった。

さらにテロは、シーア派だけでなく、キリスト教徒にも向かいはじめた。

「この社会はもう崩壊した。家族が無事なうちにモスルに帰る。こんな状態になったのは米軍のせいだ。彼らは、これまであった秩序を壊した。だったら、次の秩序ができあがるまで市民の安全を守る責任がある。にもかかわらず、その責任を果たさなかった」

独裁の重し外した米国

イラクで二〇〇五年一〇月、新憲法案が承認された。新憲法の最大のポイントは、連邦制を採用していることだった。おおまかにいって、一、クルド人の北部、二、シーア派の南部、三、スンニ派の中部、という連邦である。

その地域重視策にスンニ派が猛反発した。問題は石油だ。イラク最大の資源である石油は、南部のシーア派地域と北部のクルド人地域で産出される。連邦制の採用で産油地域から切り離されるのではないかと、スンニ派住民は強い不信感を抱いたのである。

イラクという国家の成り立ちも、アフガニスタンと同様に不自然だった。

第一次大戦前、オスマン・トルコはアラビア半島からパレスチナに至る広大な領土を支配していた。いまのイラクはその中の一部だった。

フセイン政権崩壊で復活した宗教行事アシュラに参加するシーア派住民
[二〇〇三年四月、カルバラで。撮影◆著者]

一九一四年、独を中心にした三国同盟と、英仏露の三国協商の対立を背景に、第一次大戦が始まる。ロシアと対立していたトルコはドイツと手を結び、英仏と戦端を開くことになった。

そこに登場したのが「アラビアのロレンス」こと、英国陸軍情報部員のT・E・ロレンスだった。ロレンスは、アラブ人はトルコの圧政から独立すべきだと唱え、対トルコ武装蜂起を工作する。

その呼びかけにメッカの支配者ハシム家が応じる。三男ファイサルとロレンスが率いた部隊はヒットエンドランの奇襲作戦を繰り返し、圧倒的に優勢なトルコ軍を各地でうち破る。重要港湾都市アカバを奪い、一九一八年にはついにダマスカス入城を果たした。ファイサルはその功績を英国に認められ、一九二一年にイラク王国を建てた。ヨルダン王国もその二年後に成立する。ともにハシム家兄弟の王国だ。

イラクの版図は、旧オスマン・トルコの領土の一部を切り取ったものだった。国境線は戦勝国の英仏の政治駆け引きの中で決められた。砂漠の中の不自然な国境だった。

南部バスラの住民には「バスラ市民」、バグダッドには「バグダッド市民」としての帰属感はあったが、イラク自体は国家的なまとまりのある地域ではなかった。「われらイラク国民」というアイデンティティーはなかった。

その結果、イラクの国境線の中には「シーア、スンニ、クルド」という三つの異なる同心円が内包されることになった。

一九五八年、青年将校団のクーデターでファイサル王家は打倒され、イラクは共和制となる。一九七九年、サダム・フセインが大統領に就任し、専制が始まった。

少数スンニ派出身のフセインは、多数シーア派を抑え込むため、社会主義を前面に押し立てて宗教色を薄めようとする。とくにシーア派の宗教行事の多くを禁止し、服装を洋風化するなど、西欧化、近代化を推進した。

北部クルド人は、反政府組織を結成して民族運動を続けた。それに対してフセインは、化学兵器を使って容赦なく弾圧した。

国家的な求心力のないイラクは、フセインの恐怖政治でかろうじてひとつの国の体裁を保っていた。その重しを、米国が取り払ってしまったのだ。

シーア派、次々に自治拠点

フセイン政権崩壊から三日後の二〇〇三年四月一二日のことだ。恐怖政治の象徴だったバース党の事務所を、地域住民が乗っ取った。

バグダッド下町のショルタ地区。小さな商店が並ぶ通りに面して、塀に囲まれたコンクリート二階建ての事務所がある。入り口は高い鉄格子のゲートで閉ざされている。それを、地域世話役のアリ・カデム〔三八〕ら約一〇人の住民がおそるおそる押した。かぎはかかっておらず、ゲートはきしみながら開いた。

一階にはオフィスが六室、留置房が一室あった。留置房は三畳ほどの広さだ。バース党事務所には以前、党の制服を着た二〇人ほどの職員が詰め、地域を監視していた。党職員の権威は大きく、ささいな理由で留置房に押し込まれたり、殴られたりした住民は多い。

アリは二階に上がった。

二〇畳ほどの広い会議室に、ＲＰＧ対戦車ロケット砲二基と砲弾四〇発入りの木箱が放置されていた。カラシニコフ銃が六丁、銃架に立ててある。机の上に弾丸三〇〇〇発入りの箱がひとつ。職員はだれもいなかった。

二階の資料室の棚には、地域住民の個人情報を集めたファイルがびっしり並んでいた。ファイルは一冊が一人分で、地域の成人男性全員の分、約二五〇冊あった。

アリ自身のファイルを見つけた。開くと約五〇枚のリポートがとじ込まれており、家族・親族関係から逮捕歴まで書かれていた。表紙の見返しには大きな字があった。

「シーア派信徒。宗教活動に積極的で反政府的。要注意」

驚いたのは、二〇〇三年三月一二日に、シーア派の仲間七人がアリの自宅に集まり、聖地カルバラの宗教行事に参加する相談をした内容が細かく記載されていたことだ。参加者の名前、一人ひとりの発言内容まで記録されている。七人のうちのだれかが密告者だったのだ。

アリは「違法な宗教活動」のかどで一九九三年と九七年の二度逮捕され、あわせて二年服役した経歴がある。

「そのため公安にマークされていたことは知っていたが、ここまで念入りに調べられていたとは驚きだった」

建物を占拠した後、聖地ナジャフのシーア派指導者に連絡して指示を仰いだ。「清めたのち礼拝所として使え」という返事だった。

一階事務所の間仕切りを取り払い、留置房の壁を壊して、一〇〇畳ほどの広間をつくった。

フセイン政権崩壊後、放火や略奪が頻発し、治安は悪化した
［バグダッド市内で。撮影◆著者］

一〇〇人ほどの住民が総出で内部をごしごし洗った。二二枚のカーペットが寄進され、立派な礼拝所ができあがった。RPGとカラシニコフは、事務所の捜索にきた米軍兵士に引き渡した。

それにしても、バース党職員は九日の政権崩壊と同時に姿を消していた。なぜ一二日まで占拠しなかったのか。

「――サダムが帰ってくるんじゃないかと怖かったんだ。入るときは命がけの思いだった」

いま、建物は地域のイスラムセンターとして使われている。ナジャフから医師三人が派遣され、診療所も併設された。生活相談、貧困者への食料配給、子どもたちへのコーラン教育……。人々は「自分たちの場」として生き生きと出入りしている。

ショルタ地区だけではない。米軍の対応が遅れる中で、住民はつぎつぎと「シーア派自治」をはじめている。この地域を担当するシーア派指導者ライド・アルムサウィ〔三三〕によると、市内約二〇〇カ所のバース党事務所の九割をシーア派住民が占拠し、イスラムセンターにしているという。

新政府が返還を求めてきたらどうするのか。

「彼らがイスラムに協力を約束するなら返す。そうでなければ応じない」

国語のアラビア語が通じない

イラク北部のクルド地区スレイマニア。車で走っていて、目的の建物の場所が分からなくなった。二〇〇三年四月末、フセイン政権が崩壊した直後のことだ。

交差点に若い警察官が立っている。こちらの車の運転手が道を尋ねた。警官はけげんな顔をする。もう一度尋ねる。警官が笑いながら首を振る。運転手は驚いたように肩をすくめた。

「驚きました、アラビア語が通じません。連中はクルド語しか話さない」

ひとつの国の中に、国語が通じない地域があった。

イラン北西部からイラク、シリア、トルコ、アルメニア、アゼルバイジャンにまたがる一帯はクルディスタンと呼ばれ、クルド民族が住む地域だ。

総計約三〇〇〇万人と、十分に一国を形成できる人口を持つ。しかし独立を達成できないまま各国の国境線で分断され、どの国でもマイノリティーとなってしまった。アフガニスタンとパキスタンに分断されたパシュトゥン民族二七〇〇万人と似た境遇である。

トルコではクルド人とその地域が人口の四分の一、国土の三分の一以上を占めているため、政府は独立を絶対に認めない。クルド人は「山岳トルコ人」と呼ばれ、「クルド問題」という問題自体がトルコには存在しないことになっている。

イラクではクルド地域が北部の産油地帯と重なる。そのためフセイン政権はクルドの独立どころか、自治さえも認めなかった。

大きく分けてスレイマニア、アルビル、ドホーク、モスル、キルクークの五地区がある。産油地帯のキルクークとモスルは中央政府の支配下で、官庁の出先機関や軍の駐屯地があり、アラブ系イラク人も多く住む。しかしアルビル、スレイマニア、ドホークの三地区は住民のほとんどがクルド人だ。

クルド地区の人々は農業で暮らす。主作物は麦だ。緑に覆われた丘陵地帯が多いため、牧畜もさかんである。イラクの南半分は砂漠であり、農業ができるのはチグリス、ユーフラテス両川の流域だけだ。アラブ人の住む地域とは気候風土からしてずいぶん違う。

服装も違う。アラブ人の男性はガラベーヤと呼ばれる着流しの服を着るが、クルド人はだぶだぶのズボンに広い腹帯を巻き、ターバンをかぶる。どちらかというとイランやトルコの風俗に近い。言葉はペルシャ語系で、アラビア語とは系統が違う。

一九九一年の湾岸戦争後、米英はイラク国民にフセイン体制打倒を呼びかけた。これにクルド人が呼応する。南部のシーア派グループとともに立ち上がり、内乱となった。しかし呼びかけた米英が支援に動かなかったため、内乱は軍によってあっさり鎮圧される。軍は報復爆撃をはじめた。

あわてた米英など多国籍軍は、イラク軍機のクルド地域上空の飛行を禁止する。スレイマニア、アルビル、ドホークの三地区は国連の支援を受けて自治をはじめた。

それから一〇年以上がたった。クルドの人々はイラクの国語であるアラビア語が話せなくなってしまった。

クルド地区の子どもたちはふだんクルド語を話し、アラビア語は学校で習う。しかし授業は小学四年から週に六時間あるだけなので、話せるようになるには不十分だ。

九一年以前は兵役があったため、一八歳以上の男性は軍隊の中で自然に習得した。商売な

だぶだぶズボンに腹帯、ターバン。クルド人は服装からアラブ人と異なる
［二〇〇二年、アルビルで。撮影◆著者］

どでアラブ地区との往来がひんぱんだったこともあり、女性にも話す機会が多かった。しかし自治の開始で中央との関係が切れ、トラックやバスの往来がとだえると、アラビア語を使う機会がなくなった。若者はいつのまにか「国語」を話せなくなってしまった。

スレイマニア郊外のアワディ小学校で、校長のアザット・ハッサン〔四二〕は、三〇歳以下のクルド人はアラビア語が話せないと見た方がいいといった。

「これから新しいイラクが始まる。われわれはそれに加わることに決めた。新しく大統領になったジャラル・タラバニはこの地区出身のクルド人だ。イラク国民としてアラビア語ができることは重要だ。しかし、使うことがなければ言葉は失われていく」

石油都市キルクークはクルド地域だが、中央政府支配下だったためアラビア語が主言語だ。しかしここでも最近、大きな変化が起きている。

キルクーク国立病院では、米軍が入ってきた二〇〇三年四月、管理部門にいたアラブ人職員がみんな逃げてしまった。

看護師長のクルド人、アザド・サビル〔四〇〕はいう。

「それまで病院ではクルド語の使用は厳禁で、全員アラビア語を使っていた。しかしそれ以降、みんなクルド語を話している」

事務局長がいなくなったため、医師や看護師の協議で、アザドが臨時の事務局長代行を務めることになった。全員と話し合い、決まりをつくって壁に張った。

「手術室とカルテはアラビア語使用のこと。ほかは自由とする」

診察室では、アラブ人医師がクルド語で患者の老女と話している。看護師にはアラブ人がいないため、ナースルームではクルド語が飛び交う。

国立病院だけではなく、ほかの役所も似たような状況だ。

新しい憲法草案は、アラビア語とクルド語をともに公用語としている。しかし、クルド語で書かれた書類をアラブ人の役人が理解することはむずかしい。

アパルトヘイト［人種隔離政策］がなくなった南アフリカ共和国では、新政府が部族語をふくめた一一の言語を公用語と決めた。しかし実際はほとんどの地域で英語が通じるので不便を感じることは少ない。しかし、クルド地区は違う。互いに言葉が通じない社会がひとつの国家をつくっていくことができるのだろうか。

アルビルの国連イラク人道支援調整事務所で、広報官がいった。

「言葉の違いは、将来の国家形成の上で大きな問題になると思う。しかし国連は人道支援で手がいっぱいで、とても言葉まで手が回りません」

危機を防いだクルド警察

二〇〇三年四月九日、米軍がバグダッドに突入してフセイン政権が崩壊すると、軍も警察も逃げだし、イラク中が無政府状態となる。各地で略奪が始まった。

クルド自治区スレイマニア地区政府のアハメド・ムーサ警察長官〔五五〕は翌一〇日朝、キルクークで略奪が起きているとの連絡を受けた。

「こりゃまずい、すぐ対策をとる必要があると思った」

イラク北部はクルド人の地域だ。国の人口二五〇〇万のうちクルド人は二割、約五〇〇万人いる。その半数、約二五〇万人がドホーク、アルビル、スレイマニアのクルド三自治区に住んでいる。

キルクークもクルド色の濃い大都市なのだが、産油地帯のため政府支配下にあった。クルド人以外にもアラブ人、トルクメン人、アッシリア人などの民族が混在している。アハメドは、略奪が民族衝突の殺し合いに拡大することを恐れた。

ただちにアルビル地区政府に電話を入れ、対策協議を申し入れた。アルビルの警察長官も同じ意見で、話はすみやかに進んだ。

軍を派遣するのは刺激的すぎる、警官隊にしよう。武器はAKとピストルだけの軽武装がいい。スレイマニアからは五〇〇人送る、アルビルからは一〇〇人出してくれ……。

一一日早朝、双方の警官隊がキルクークの町の入り口で待ち合わせ、同時に市内に入った。協力して配置につき、要所の検問とパトロール、犯罪者の現行犯逮捕が始まる。略奪はぴた

軍事訓練をするクルド人民兵
［二〇〇五年三月、イラクのクルド人地域で。AP／WWP］

りとやみ、町は平静に戻った。キルクークの無政府状態は二日間だけで終わった。

「キルクークは自治区から外れているが、われわれクルド人にとっては心の町だ。対応が早かったため、バグダッドのように荒廃せずにすんだ。ほっとしている」

クルドの町にはそれぞれに地区政府がある。スレイマニアは「クルド愛国同盟」〔PUK〕、アルビルとドホークは「クルド民主党」〔KDP〕が支配する。日頃は角つき合わせている両派だが、キルクーク保護では一致して協力し、米軍に頼らずに治安を回復した。アハメドはそれを誇らしく感じている。

九日から七晩、長官室に泊まり込んだ。ソファをずらし、その後ろに簡易ベッドを置いて、制服のまま寝た。

「部屋には地元テレビがしょっちゅう入ってくる。下着姿でソファに寝ている姿を映されたくなかった」

その後一カ月、毎晩零時まで勤務する非常シフトが続いた。しかし、大して苦にならなかった。

「われわれの活動は住民から感謝されている。サンドイッチや飲み物の差し入れが毎日ある」

スレイマニアの町は平和だった。同じイラクでありながら、爆撃や略奪のあとはどこにもない。過激派のテロもない。停電も断水もなく、交通信号はちゃんと働いている。商店街は物が豊富に並び、深夜までにぎわっていた。

クルド地区では、生活物資は国境を接するトルコやイランから入ってくる。トルコのクルド人やイランのクルド人が運んでくるのだ。

山地のため、ダムで電力と水がまかなえる。大学が三、テレビ局が一五ある。アラブ地区に行かなくても、クルド地区内だけですべて用が足りる。軍や警察だけでなく、徴税も郵便も、通貨も自前だ。

イラク本土の通貨は通用しない。スレイマニアの商店で買い物をしてイラク・ディナールで払おうとしたら、「スイス・ディナールでなければだめだ」と受け取りを拒否された。あれ、スイスはフランではなかったろうかといって笑われた。

「スイス・ディナール」は一九九一年の湾岸戦争前にイラク全土で通用していた通貨で、スイスで印刷された札のことだ。その後イラク本土ではデノミが行われ、新しい紙幣が印刷された。しかし新札は大学ノートの紙に印刷されたような安っぽい紙幣で、一割は偽札だといわれるほどだ。九一年から自治が始まったクルド地区に、新札は入ってこなかった。そのまま、古い紙幣「スイス・ディナール」が使われた。

為替レートも違う。一スイス・ディナールの価値はイラク・ディナールの三〇〇倍もした。

シーア派自治、しだいに宗教化

二〇〇三年四月二六日の朝、バグダッドの貧困地区サダムシティー〔現サウラシティー〕にある小学校の校庭は、四六台の自動車やオートバイで埋まった。

「貿易省」と書かれた黄色い二〇トントラック。市水道局のタンクローリー。赤い二階建ての市バス。ショベルカー、消防車、パトカー、白バイ……。

「略奪した役所の車を返しなさい。それはサダム・フセインの車ではない。人々の車なのだ」

前日の金曜礼拝で、シーア派の高位指導者がそう呼びかけた。その結果がこの四六台だったのである。

地区の返還略奪品の処理を担当するシーア派聖職者フサイン・アルハドバル〔三三〕は困った顔だった。

「消防車とパトカー、白バイは、消防署や警察がすぐ引き取りに来た。しかし他の役所はまだ機能していないので返しようがない」

日が暮れると校庭には子どもたちが姿を現し、車の部品をつぎつぎにはぎ取っていく。ナンバープレートはもうどの車にも残っていない。私が校庭を訪れるたびに車の形は崩れていった。

シーア派イスラム教徒の人口はイラク人全体の六割を超す。バスラなど主にイラク南部に住むが、バグダッド市内ではサダムシティーに集中している。フセイン政権がスンニ派国民を優遇したため南部シーア派地区には就労機会が少なく、シーア派の失業青年が職を求めて首都バグダッドに流入した。その人々がサダムシティーに集まったためだ。

反政府的な傾向が強いとしてフセイン政権に抑圧されたため、結束力が強い。世俗化したスンニ派にくらべて信仰心もあつい。信者の間でモスクの影響力は絶大だ。

フサインはいう。

「戦後の混乱への対応で、われわれは米軍に協力するつもりでいた。しかし米軍は誠実でなかった。荒廃から住民を守るためには、われわれが自らの手でやるしかなかった」

聖地ナジャフからシーア派高僧が次々にバグダッドに乗り込んできた。

略奪品を返還させる。銃撃を制止する。モスクを拠点に無料診療をする。収入がない家庭に給食する。信号が消えたままの交差点で交通整理をする。武装した自警団に地域をパトロールさせる……。

「シーア派自治」の広がりとその成果はめざましいものがある。にもかかわらず、宗教指導者たちは次第にいらだちを強める。

サダムシティーではイラク戦争後、シーア派の金曜礼拝が野外で行われるようになった。

集まる人々が多すぎてモスクに入りきれないのだ。その礼拝の説教が、週ごとに過激化していた。

四月二五日の時点では「略奪品を返せ」「銃をむやみに発射するな」など、治安回復の呼びかけが中心だった。それが——。

五月二日。

「男はひげを生やせ。女はベールをかぶれ。ここはイスラムの国だ」

「音楽を聴くな。音楽は人を堕落させ、信仰をさまたげる」

五月九日。

「バグダッド市内では銃撃が続き、略奪がなくならない。それはなぜか。米軍が放置しているからだ」

「米国はこの国の富だけが目当てなのだ。だまされるな」

五月一六日。

「政治と宗教は分離不能なものだ。イスラムの憲法でイスラムの国家をつくれ」

「われわれはイラク人口の三分の二を占めているのだ。ここはわれわれの国だ」——

野外で行われるようになったシーア派の金曜礼拝。過激化が進む「バグダッドのサウラシティーで。撮影◆著者」

フサインはいう。

「米国がイラク国民を救うために戦争をしたのではないことが、現状を見ればよく分かる。もういい。われわれはわれわれで、自分たちの国をつくる」

イラク全体の治安は荒廃している。しかしシーア派地域はシーア派地域で治安が守られていた。クルド地域は、それ以上にみごとな治安維持ぶりだった。自分たちの同心円の中では、彼らは十分に社会を構築する能力があるのだ。治安維持も、学校の運営もできる。そして彼らは自治を望んでいた。

クルド、シーア、スンニという三つの集団をなおひとつの国家にまとめておきたいというなら、三自治州による連邦国家をつくるのがもっとも現実的であるように思われる。自治州の中でなら、彼らは社会に責任をもつことができるのだ。

しかし、それにはさまざまな問題が立ちはだかる。

米国、二つの泥沼に足

フセイン政権が崩壊した二〇〇三年四月、バグダッド市内の国立病院。医師に、何がもっとも不足しているか尋ねた。「輸血用血液」とか「抗生物質」とかの答えが返って来ると予想していたが、医師はいら立った声で答えた。

「セキュリティー〔治安〕だ！」

テロが頻発している。強盗に襲われる人が増えている。治安の悪化で救急車も満足に動けない。病院すら強盗の目標になり、薬剤が略奪されている――。

国家の最低限の任務は治安を守ることだ。国民が他から襲われる心配をせず、安心して暮らせるように保護することである。それによって国民は国家に帰属感を持つ。国家が武力の独占を許されるのはそのためだ。

アフリカでは、多くの国が治安を維持できていなかった。

指導者が腐敗し、国民の生活の安全より私腹を肥やすことを優先したためだ。白昼、強盗が入っているというのに警察が出動さえしない、そんな国さえあった。警官や兵士が官給の銃で強盗を働く国もある。国民は拉致され、レイプされ、少年兵にされ、殺された。

自立すら満足にできない国家が存続できたのは冷戦構造のせいだった。「味方」のあたま数を増やすため、東西両陣営が腐敗した指導者を後ろから支え、そうした国を国家として認めてしまったからだ。

米国やソ連はそうした指導者を批判することはなく、国民は誰からも救われずに放置された。シエラレオネやリベリア、ソマリアやナイジェリアなどの「失敗国家」が生まれ、民間にＡＫがあふれた。独立の時代の熱気がさめ、安全な市民生活は停止した。

南米コロンビアでは、アンデス山地にはばまれて政府の力が地方まで及んでいなかった。軍も警察も入っていけない山中でコカが栽培され、なわばり争いのために銃が持ち込まれた。麻薬の密売ルートと銃の密輸ルートが重なる。そこに、米国と中国の武器業者がAKを売り込んでいた。

そしてイラクやアフガニスタン。

もともと一体性に欠け、ひとつの国に成長する要素のない地域を、英国が勝手にくくって国境線を引いた。その中にいくつかの異質な民族集団が囲い込まれた。集団ごとに帰属感が異なり、アイデンティティーはばらばらだ。

国家の権力は弱く、治安を掌握できない。人々は自衛のためにAKを持つ。他人のAKを警戒する人々もAKを持つ。その結果、国中がAKだらけになった。

ただ、国として治安が崩壊しているイラクやアフガニスタンで、個々の民族集団はそれぞれの社会の中では統治能力があった。

それを国のレベルで生かせないか。治安や社会運営を各民族に任せ、中央政府は軍事と外交を受け持つ。いわゆる連邦制だ。

しかし、それがすんなりゆくような情勢ではない。

イラクについていえば、石油産出地域から切り離されるスンニ派が連邦制に頑強に反対している。

隣国トルコも反対だ。トルコは一〇〇〇万人を超えるクルド人口を抱えており、クルド地域は国土の三分の一を占める。イラクが連邦制になってクルド人が自立すれば、自国のクルド人が刺激を受け、トルコの政情が不安定になると警戒しているからだ。

アフガニスタンの連邦制には、パキスタンが神経をとがらす。国内に一〇〇〇万人を超え

イラク国軍の新兵を訓練する米兵[左]。米兵はM16、イラク兵はAK47だ
[二〇〇五年三月、キルクーク近郊で。AP/WWP]

るパシュトゥン人口があり、トルコと同じ問題を抱えている。

　連邦制が各民族集団の独行を強め、かえって政治的な不安定につながるのではないかと懸念する声もある。各集団にもともと国家的な求心力はない。中央政府がよほど強力なリーダーシップを持たないかぎり、遠心力だけが働き、内戦につながっていくとする見方だ。

　米国は、アフガニスタンとイラクというふたつの泥沼に足を突っ込み、動きが取れなくなった。イランや北朝鮮が核ゲームで挑発をしかけてきても、対応する余裕すらない。早期に治安を回復して撤退しなければ「世界のリーダー」としての権威を失う。

　治安回復に連邦制が有効であるなら、米国が責任を持ってその方向にかじ取りをしなければならない。イラクに「新しい国のかたち」が生まれたら、それは二一世紀の新モデルとなるだろう。戦争を始めた米国としては、それでやっと面目を保つことができるかもしれない。

あとがき

この本は、朝日新聞の朝刊に連載された「カラシニコフ第2部」〔二〇〇五年二月一三日～三月二〇日〕と、「カラシニコフ第3部」〔同年八月二九日～一〇月一日〕をもとに加筆・修正し、あわせて一冊としたものです。登場人物の肩書や年齢などは新聞連載当時のままとしました。

◆◆◆

二〇〇四年七月、この本の前編にあたる単行本『カラシニコフ』が刊行されましたが、その内容をめぐって読者の方からたくさんのご意見をいただきました。中で多かったのが次のようなものです。

「カラシニコフ銃がからんだ問題はアフリカ以外でも起きている。アジアや中南米など、ほかの地域の状況も知りたい」

「失敗国家ではないのに、治安の維持ができない国がある。なぜなのか。そういう国家の実態も報じてほしい」――

私は新聞社内で「アフリカ・中東問題の担当記者」ということになっています。前編の舞台がシエラレオネやソマリア、南アなどアフリカの国が主体だったのは、そうした理由からでした。しかしそれは内輪の話で、個々の記者の担当分野など読者の方にとっては関係のないことです。「カラシニコフ」というタイトルで連載を始めてしまった以上、それはアフリカの問題ではないからと知らん顔をするわけにはいきません。

編集局の幹部に相談しました。読者の「これを知りたい」という声を無視することはできない、という結論でした。カラシニコフ論をさらに展開させよう、アフリカという枠にこだわる必要はない。第2部取材はそうして始まりました。

最初の目的地に選んだのはコロンビアでした。ゲリラが北朝鮮製のカラシニコフを使っている、という情報があったからです。行ってみるとたしかにその通りでした。しかし北朝鮮製のカラシニコフは隣国ペルーの国家警察が正式に輸入しており、出所は明確でした。拍子抜けしていたとき、コカインの町メデジンで出会ったのが中国製のAK「ノリンコ」だったのです。

なぜ、中国製のこんな奇妙なAKがコロンビアにあるのか。銃の刻印を頼りに、行きついたのは米ケンタッキー州のライフル業者でした。その結果、「コロンビアの治安の安定を妨げているのは、利潤を追ってうごめく中国の兵器産業と米国のライフル業者」という構図が浮かび上がってきました。

◆◆◆

アジアにも「カラシニコフ問題」がありました。

パキスタン北西部にＡＫを密造している村があることは、アジアに詳しい同僚記者が教えてくれました。しかし村は「部族地域」で、パキスタン政府の力は及びません。どうやって中に入り、どうやって取材の安全を確保するか。私には見当もつきません。同僚記者に相談すると、彼は笑いながら、部族の長老をひとり紹介してくれました。その長老が私を村に連れて行ってくれたのです。

村には三日連続で通ったのですが、「長老効果」は絶大でした。私が長老の客であることが知れわたると、村のどこに行こうがどんな写真を撮ろうが、いっさいお構いなしでした。

ひとつの国の中に、政府の力の及ばない地域がある。そこでは密造銃がつくられ、売られている。私たち日本人の想像を超えた国の姿を、その同僚記者がつちかったネットワークのおかげで描くことができました。

◆◆◆

私たち日本人は国家というものを単一化してイメージしがちです。

日本語を話し、ハシを使って食事する「日本人」という民族がいる。その民族が、海で区切られたひとかたまりの国土に住み、自分たちの中から指導者を選んで行政を管理させている。それが「国家」だ。

住民はすべて戸籍に登録されており、学齢になるとみんな学校に行く。義務教育は無料だ。全国に警察の網が張りめぐらされ、山間の地でもパトカー、救急車が来てくれる。銃や刃物を持つことは厳しく規制されており、夜ひとりで町を歩いてもほぼ安全だ。国家というのは、世界のどこでもたいていそんなものだ——。

冗談ではありません。そんな国家は世界ではむしろ少数なのです。それはこの企画を通じて理解していただけたと思います。

前編で見たシエラレオネやソマリアは、指導者が腐敗し、政府は名ばかり、国家建設の意欲も能力もない国家でした。そこでは市民生活の安全など無視され、人々はカラシニコフにおびえながら暮らしていました。アフリカの多くの国家は、今なおそんな状況にあります。

今回、この本で取り上げたコロンビアでは、国家指導者は治安掌握に懸命でした。しかしアンデス山地を抱えた国土は広く、国のすみずみまで警察や軍隊の手が届きません。国家の力が希薄な地域は、ゲリラのカラシニコフで仕切られていました。

アフガニスタンやイラクでは、一九世紀の英国の帝国主義支配の下で、いくつもの民族がひとつの国境の中に取り込まれました。それぞれに帰属感が異なる社会で、ひとつの国家の形成は容易ではありません。自分の仲間ではない人間が管理する国家をきらい、政府に反発する勢力もあります。国家は地方の治安を掌握できず、自衛のために人々はカラシニコフを持つことが必要になる。それがまた治安をむずかしくしています。

国家とは何か。論文などではなかなか理解しにくいことが、「カラシニコフ」というキーワードを通じて見るとある程度分かりやすくなる。この企画で、国家を考えるための方法をひとつ提供できたのではないか。そう自負しています。

前編と今回の取材ではアフリカ、中南米、北米、中央アジア、中東を歩き、それぞれの地域でカラシニコフと国家のかかわりを見てきました。しかしそのほかにも、カラシニコフが問題にからんでいる地域は数多くあります。たとえばコソボやチェチェン。対立の火はまだくすぶっています。エチオピアでは、これまで弓矢や槍で戦われていた牛戦争にカラシニコフが使われるようになりました。そのため犠牲者が一気に増え、その報復などで悲惨な状況が起きています。密猟にカラシニコフが使われるようになり、ゾウやサイが絶滅に瀕している地域もあります。北朝鮮は外貨を稼ぐためカラシニコフを飢餓輸出し、それがソマリアなどの紛争地に流れこんでいます。そして、「ノリンコ」の取材申し込みに返事もくれなかった中国「北方工業公司」……。そうした問題を、今後も機会あるごとに調べていきたいと思っています。

◆◆◆

ＡＫ47を開発したミハイル・カラシニコフ氏には二〇〇二年一一月と二〇〇三年八月の二回、ロシアの軍事産業都市イジェフスクでインタビューしました。その内容は前編に掲載した通りです。

二〇〇四年一〇月、そのカラシニコフ氏から誕生日パーティーの招待状が届きました。八五歳の節目の誕生日で、勤務先の兵器会社イジマシュが盛大なパーティーを開いてくれることになった、ぜひ出席してほしい、という内容です。さっそくロシアに飛びました。

一年ぶりに会ったカラシニコフ氏に、大きな変化がありました。会社の専用車が新しくなっていたことです。

二〇〇三年までの専用車は、おんぼろの国産ボルガでした。エンジンの調子が悪く、アクセルから足を離すとエンストしてしまいます。運転手の青年は「いくら修理してもだめだ。功績のある人なのだから、会社はもっといい車に替えてあげるべきだ」と怒っていました。

新しい専用車は、なんと日本のカローラでした。世界のカラシニコフ氏の専用車が日本の小型ファミリーカーなのです。狭さが気になりましたが、カラシニコフ氏は助手席がお気に入りで、「私は体が小さいからこれで十分だ。乗り心地はとてもいい」と満足そうににこにこしています。老技師は、あいかわらず欲がありませんでした。

そのカラシニコフ氏の「私の開発した銃のコピーが世界各地に出回っている。そんなまがいものでも米国製の自動小銃よりいいという。誇らしいような悲しいような……」という言葉［本文一三九ページ］が、今も印象に残っています。

◆◆◆

新聞社の多くの仲間がこの企画の趣旨に賛同し、取材に協力してくれました。

場違いの南米取材でとまどう私を助けてくれた和泉聡朝日新聞サンパウロ支局長〔現静岡総局次長〕、ノリンコ追跡を手伝ってくれた西村陽一アメリカ総局長〔現政治部長〕と萩一晶ロサンゼルス支局長、ダラ村入りで長老を紹介してくれた長岡昇論説委員、アフガニスタン取材を支えてくれた武石英史郎イスラマバード支局長〔現外報部員〕のみなさん、それから新聞連載のデスクワークを担当してくれた林修平外報部員、村上伸一外報部次長〔現エルサレム支局長〕に感謝します。また兵器研究家の床井雅美さんには、今回も多くのご教示をいただきました。この場を借りてお礼申し上げます。

二〇〇六年五月
松本仁一

松本仁一
［まつもと じんいち］

一九四二年長野県生まれ、東京大学法学部卒。

六八年朝日新聞社に入社。八二年からナイロビ支局長。

九〇年、中東アフリカ総局長としてカイロに駐在。九三年から編集委員。

九四年、ボーン上田国際記者賞、九六年、『アフリカで寝る』（朝日新聞社）で日本エッセイスト・クラブ賞、
二〇〇二年、『テロリストの軌跡』（草思社）で日本新聞協会賞を受賞。

そのほかの主な著書に『アフリカを食べる』『カラシニコフ』（ともに朝日新聞社）がある。

カラシニコフII

２００６年5月30日　第1刷発行

著者
松本仁一

発行者
花井正和

発行所
朝日新聞社
編集◈書籍編集部
販売◈出版販売部
〒一〇四-八〇一一　東京都中央区築地五-三-二
電話〇三-三五四五-〇一三一(代表)
振替00190-0-155414

印刷所
共同印刷株式会社

ISBN4-02-250165-0

定価はカバーに表示してあります

松本仁一の本

『カラシニコフ』

「悪魔の銃」、カラシニコフ。
ひとびとや国家にとって、銃とはいったい何なのだろう

朝日文庫

『アフリカを食べる』

サルを食べるのはなぜ？　豚を食べないのはなぜ？
「食」を通じて出会うアフリカのひとびと

『アフリカで寝る』

砂漠で、サバンナで、気温46℃の世界で寝る。
「寝る」を通じて迫るアフリカの現在
日本エッセイスト・クラブ賞受賞作